Larventypen

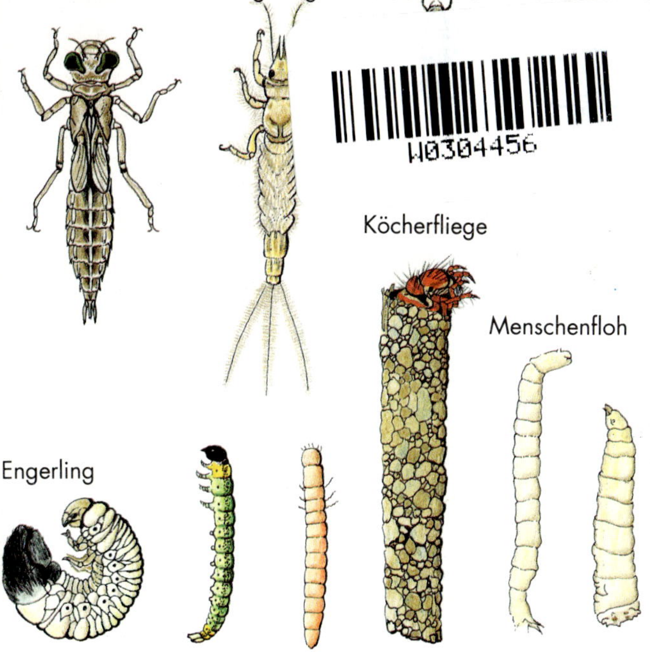

Hemimetabole Entwicklung
(Heuschrecke)

Holometabole Entwicklung
(Marienkäfer)

Roland Gerstmeier

GU Naturführer Insekten

Die wichtigsten Insekten Europas kennenlernen und bestimmen

GU GRÄFE UND UNZER

Einstecken – Natur entdecken

Mit Insekten kommen wir nahezu täglich in Berührung, sei es in der freien Natur, im Garten oder auch innerhalb der Wohnung. Bei vielen Menschen lösen die kleinen »Krabbeltiere« mehr oder weniger Unbehagen aus. Dies mag wohl in erster Linie daran liegen, daß man zu wenig über die Lebensweise von Insekten weiß – und die ist überaus interessant. Neben den farbenprächtigen Schmetterlingen – die im *GU Naturführer Schmetterlinge* eigens vorgestellt werden – faszinieren uns v. a. Libellen, Käfer und Hautflügler. Andere Insekten überraschen mit hochspezialisierten Überlebens- und Fortpflanzungsstrategien oder ungewöhnlichen Nahrungsgewohnheiten.
Da man oft fälschlich einige wirbellose Tiere den Insekten zuordnet, werden im vorliegenden Naturführer auch bekannte und häufige Vertreter der Spinnen- und Krebstiere sowie Hundert- und Tausendfüßer vorgestellt. Sie gehören mit den Insekten dem großen Tierstamm der Gliederfüßer (*Arthropoda*) an.
Die Insekten bilden mit heute über 1 Million beschriebenen Arten die artenreichste Klasse im Tierreich. Allein in Mitteleuropa sind sie mit etwa 40 000 Arten vertreten, so daß die Auswahl für dieses Buch nicht leicht fällt. Der neue *GU Naturführer Insekten* stellt 176 häufige und bekannte sowie seltenere und außergewöhnliche Arten mit eindrucksvollen, in der Natur aufgenommenen Farbfotos vor. Es wurden auch einige Vertreter der südländischen Fauna ausgewählt. Dieser Insekten-Führer mit seinem handlichen Einsteckformat ist der ideale Begleiter für diejenigen, die sich bislang mit der Welt der Insekten noch wenig beschäftigt haben und nun die wichtigsten Arten kennenlernen und bestimmen möchten. Es muß allerdings berücksichtigt werden, daß sich manche Arten so sehr ähneln, daß sie selbst von einem Kenner nur mit sehr viel Erfahrung, unter Zuhilfenahme von Spezialliteratur bestimmbar sind. Charakteristische Merkmale werden unter dem Stichwort »Kennzeichen« aufgeführt. Die Angaben zur »Verbreitung« beziehen sich im wesentlichen auf Europa. Der »Lebensraum« beschreibt den bevorzugten Aufenthaltsort einer Art, was nicht heißt, daß man sie nicht auch anderenorts finden kann. Unter dem Stichwort »Lebensweise« werden u. a. Informationen zu Ernährungsweise und Fortpflanzung gegeben. Der Abschnitt »Interessantes« zeigt Besonderheiten des Verhaltens, der Biologie und Ökologie bestimmter Arten auf. Zusätzliche Fotos und Zeichnungen auf den Textseiten veranschaulichen interessante biologische Details, zeigen Unterschiede zwischen Männchen und Weibchen auf oder stellen Larven vor. Die »Kleine Insektenkunde« (Seite 152), die eingangs gezeigten Makroaufnahmen (U2/Seite 1) sowie das am Ende des Buches (Seite 160/U3) stehende Zeichnungstableau zur Insektenbiologie vermitteln eine Übersicht zu Körperbau und Entwicklung der Insekten. Im Register (Seite 155) sind die beschriebenen Arten unter ihren deutschen und lateinischen Namen zu finden.

Die sechs Kennfarben

Seite 6–17	Unter der roten Kennfarbe finden Sie Spinnen- und Krebstiere, Hundert- und Tausendfüßer. Diese Tiere sind keine Insekten, gehören aber mit diesen zum großen Tierstamm der Gliederfüßer.
Seite 18–19	Unter der grauen Kennfarbe finden Sie Springschwänze, Felsenspringer und Fischchen (Silberfischchen). Sie gehören zu den *Urinsekten* und werden als primär ungeflügelte Insekten den anderen, primär geflügelten Insekten gegenübergestellt.
Seite 20–57	Unter der gelben Kennfarbe finden Sie u. a. Eintagsfliegen, Libellen, Ohrwürmer, Schaben, Heuschrecken, Echte Läuse, Wanzen, Zikaden und Pflanzenläuse. Sie werden als *Hemimetabola* den *Holometabola* gegenübergestellt.
Seite 58–61	Unter der blauen Kennfarbe finden Sie Schlammfliegen und Netzflügler. Diese beiden Insektengruppen sind wie die nachfolgenden Vertreter der *Holometabola*.
Seite 62–107	Unter der grünen Kennfarbe finden Sie die Käfer; sie stellen die artenreichste Ordnung im gesamten Tierreich.
Seite 108–151	Unter der orangen Kennfarbe finden Sie Hautflügler, Köcherfliegen, Schnabelfliegen, Zweiflügler und Flöhe; sie bilden die restlichen Ordnungen der Holometabola.

Der Autor

Dr. Roland Gerstmeier ist Zoologe mit Schwerpunkt Entomologie und Ökologie. Er arbeitet als Dozent an der landwirtschaftlichen Fakultät der TU München/Weihenstephan und ist Verfasser verschiedener Tiersachbücher, u. a. GU Kompaß »Insekten«.

1 Krabbenspinne

Misumena vatia
(Krabbenspinnen)

Kennzeichen: 4–10 mm. Das Männchen etwa 4 mm groß, meist braun gefärbt; Weibchen 10 mm, gelb, gelbgrün oder weiß, meist mit rötlicher Flankenzeichnung.
Verbreitung: Im zentralen Mitteleuropa und nördlichen Alpenvorland recht häufig.
Lebensraum: Trockenrasen, sonnige Waldwege und -ränder.
Lebensweise: Wie die meisten Krabbenspinnen, lauert auch diese Art blütenbesuchenden Insekten auf und fängt vorwiegend Bienen, Wespen und Schmetterlinge. Die Beute wird durch einen Biß gelähmt und sofort ausgesaugt, so daß nur noch die leere Hülle übrigbleibt.
Interessantes: Da das Beuteangebot oft reichlich ist, legt sich diese Krabbenspinne einen Vorrat an, indem sie die erbeuteten Insekten mit einem Seidenfaden unter der Blüte befestigt und erst später bei Bedarf aussaugt. Krabbenspinnen können ihre Färbung dem jeweiligen Blütenuntergrund anpassen.

2/3 Kreuzspinne

Araneus sp.
(Radnetzspinnen)

Kennzeichen: 5–20 mm. Kreuzspinnen sind träge Spinnen mit rundlich-ovalem Hinterleib, oft stark behaart und arttypisch gezeichnet.
Verbreitung: In ganz Mitteleuropa; häufig.
Lebensraum: Verschiedenartige Lebensräume, von Waldrändern über Parks und Wiesen bis in Hausgärten.
Lebensweise: Die schönen, charakteristischen Radnetze werden von den Weibchen gebaut, die sich auch fast ihr ganzes Leben lang im oder am Netz aufhalten. Die Männchen sind nicht seßhaft und streifen umher. Die Eier werden in dicht gewobenen Kokons im Netz oder in der Nähe befindlichen Schlupfwinkeln festgeheftet.
Interessantes: Viele Kreuzspinnen bauen ihr Radnetz jeden Tag neu, meist vor Sonnenaufgang; das alte Netz wird vorher aufgefressen. Kreuzspinnen können pro Tag bis zu 500 Insekten mit ihren Netzen fangen. Die Verbreitung erfolgt fast ausschließlich über die Jungspinnen, die an einem Seidenfaden hängend vom Wind verweht werden. Auf diese Weise können auch Insekten besiedelt werden.

Eine Ansammlung von jungen Gartenkreuzspinnen.

1

2

3

1 Wespenspinne

Argiope bruennichi
(Radnetzspinnen)

Kennzeichen: 4–20 mm. Auffällige Spinne mit schwarzgelb gebändertem Hinterleib. Es ist die einzige bei uns vorkommende Art der Zebraspinnen.
Verbreitung: Als südliches Faunenelement hat sich die Wespenspinne inzwischen weit nach Mitteleuropa ausgebreitet.
Lebensraum: Bevorzugt niedrige, besonnte Vegetation.
Lebensweise: Die Wespenspinne legt ihr Netz nur wenig über dem Boden an, meist senkrecht zwischen Grashalmen aufgespannt; fängt vor allem Feldheuschrecken, aber auch andere Insekten. Vom Zentrum des Netzes aus führen nach oben und unten zwei zickzackförmige, weißglänzende Seidenbänder, die sog. *Stabilimente.* Das nur 4–5 mm große Männchen überlebt die Paarung nur selten; meist wird es schon während der Paarung eingesponnen und anschließend vom Weibchen verspeist. Die jeweils 300–400 Eier enthaltenden Kokons (bis zu fünf können angefertigt werden) werden außerhalb des Netzes an Grashalmen angeheftet. Die Jungspinnen überwintern in diesen Kokons und schlüpfen erst im nächsten Frühjahr.

2 Springspinne

Philaeus chrysops
(Springspinnen)

Kennzeichen: 7–12 mm. Die beiden Geschlechter unterscheiden sich deutlich: Der Hinterleib des Männchens ist leuchtend ziegelrot und besitzt in der Mitte einen schwarzen Längsstreifen. Das Weibchen ist eher unscheinbar graubraun bis schwärzlich gefärbt; Beine und Rückenschild sind dicht mit weißen Haaren besetzt.
Verbreitung: Als wärmeliebende Art nur an entsprechenden Stellen im Süden Deutschlands zu finden.
Lebensraum: Bewohnt südexponierte, sonnige Hänge mit wenig Bewuchs und hält sich dort vor allem auf Steinen und im Gras auf.
Lebensweise: Springspinnen machen im Sonnenschein Jagd auf kleine Insekten und bewegen sich dabei in weiten Sprüngen fort. Oft rennen sie kurze Strecken und bleiben dann abrupt stehen, so daß man sie nur schwer wieder lokalisieren kann. Auch wenn die Sprünge sehr zielsicher sind, ziehen sie beim Springen einen Sicherheitsfaden hinter sich her. So stürzen sie bei einem Fehlsprung nicht ab, sondern können an diesem Sicherheitsfaden wieder zum Ausgangspunkt zurückklettern.
Interessantes: Voraussetzung für diese Jagdweise ist ein gutes Sehvermögen; besonders auffällig sind deshalb die großen, nach vorne gerichteten Mittelaugen, die den Springspinnen ein hervorragendes Bewegungssehen und wahrscheinlich auch ein recht gut entwickeltes Formen- und Farbensehen erlauben. Dadurch können Gegenstände gut erkannt und Entfernungen exakt abgeschätzt werden.

1

2

1 Gerandete Jagdspinne
Dolomedes fimbriatus
(Raubspinnen)

Kennzeichen: Mit 10–22 mm die größte einheimische Spinne. Der helle Flankenstreifen an den Seiten von Vorder- und Hinterkörper ist bei den Männchen deutlicher.
Verbreitung: In Mitteleuropa weit verbreitet und in den geeigneten Lebensräumen nicht selten.
Lebensraum: Diese Art bevorzugt feuchte Gebiete, v. a. Ufer verschiedener Gewässer.
Lebensweise: Sie kann problemlos auf der Wasseroberfläche laufen und sogar untertauchen. Dabei werden Wasserinsekten, Kaulquappen und sogar kleine Fische und Frösche erbeutet. Die Weibchen betreiben Brutfürsorge, indem sie ihren Eikokon zwischen den Kieferklauen mit sich herumtragen. Kurz vor dem Schlüpfen der Jungspinnen wird dieser Kokon unter ein dachartiges Gespinst gehängt. Die Jungspinnen werden bis zur nächsten Häutung von der Mutter bewacht.
Interessantes: Aufgrund von Entwässerung und Zerstörung ihrer Lebensräume ist die Art gefährdet.

2 Hausspinne
Tegenaria sp.
(Trichterspinnen)

Kennzeichen: 6–20 mm. Hausspinnen sind meist dunkelbraun bis schwärzlich gefärbt und können mit ihren langen Beinen bis zu 8 cm überspannen.
Verbreitung: In Mitteleuropa weit verbreitet und vor allem in Gebäuden häufig.
Lebensraum: Als typischer Kulturfolger in der Nähe des Menschen, gerne in Kellern oder im Bad; gelegentlich auch in Steinbrüchen und an Felswänden.
Lebensweise: Die sehr mobilen Räuber machen Jagd auf verschiedene Insekten, sind aber für uns besonders durch das Verzehren von Stubenfliegen nützlich. Andererseits bereiten die großen, unordentlichen Trichternetze zuweilen Ärger, da diese ohne Eingreifen enorme Ausmaße annehmen, was in einigen Jahren zur Überwucherung des gesamten Kellers führen kann. Die Spinnen können mehrere Jahre (angeblich bis sieben) alt werden. Es gibt keine jahreszeitlich festgelegte Paarungszeit.

Raubspinnen tragen ihren Kokon mit sich herum und bewachen ihn.

1

2

1 Weberknecht

Opiliones sp.
(Weberknechte)

Kennzeichen: 1–12 mm. Die Beine sind auffallend lang; der Körper ist nicht durch eine Taille gegliedert. Weberknechte besitzen nur ein Paar kleine, punktförmige Augen, die auf einer Erhebung – dem Augenhügel – sitzen. Aufgrund des Fehlens von Spinnwarzen sind sie nicht in der Lage, Netze zu weben.
Verbreitung: Ganz Europa.
Lebensraum: Im Freien häufig auf Gräsern, Sträuchern, Bäumen, vermodernden Baumstämmen und Holzstapeln, viele Arten leben hauptsächlich in Gebäuden.
Lebensweise: Die nachtaktiven Weberknechte leben gerne gesellig, so daß man sie meist in großen Mengen findet. Ihre Ernährung ist ausgesprochen vielseitig und reicht von toten und lebenden Pflanzenstoffen bis zu Aas und lebenden Tieren. Wie die Spinnen verdauen räuberische Arten ihre Beute vor dem Mund und saugen dann die verflüssigte Nahrung auf.
Interessantes: Die langen, vielgliedrigen Beine können bei Gefahr an bestimmten Sollbruchstellen abgeworfen werden. So trifft man im Herbst oft Weberknechte mit nur noch sechs oder weniger Beinen (anstatt ursprünglich acht) an. Zur Abwehr von Feinden besitzen sie Stinkdrüsen. Im Gegensatz zu den Spinnen gibt es bei den Weberknechten vor der Begattung keine Werbung. Die sofort vollzogene Paarung dauert nur wenige Sekunden bis einige Minuten und wird meist öfter wiederholt.

2/3 Zecke, Holzbock

Ixodes ricinus
(Zecken)

Kennzeichen: 2–4 mm; vollgesogene Weibchen können bis zu 11 mm lang werden.
Verbreitung: Weltweit.
Lebensraum: V. a. in Wäldern und Parks.
Lebensweise: Die aus den Eiern schlüpfenden Zeckenlarven klettern auf Gräser, Büsche und Bäume und warten auf ein vorbeikommendes Wirbeltier, das sie chemisch am Geruch spezifizieren können. Läuft der Wirt unter der Larve durch, läßt diese sich auf ihn fallen und sucht eine Hautpartie mit bestimmter Temperatur (z. B. Achselhöhle) auf. Dort bohrt sie sich mit ihren Mundwerkzeugen ein. Nach drei bis vier Tagen Blutsaugens fällt sie zu Boden und häutet sich; nach vier Häutungen sind die Tiere erwachsen.
Interessantes: Zecken können zahlreiche Krankheitserreger übertragen. Beim Holzbock sind vor allem Gehirnhautentzündung (FSME = Frühsommer-Meningoencephalitis) hervorrufende Viren und die Erreger der Lyme-Krankheit (Borreliose) für den Menschen gefährlich. In der Haut steckende Zecken sollten sofort, ohne Vorbehandlung (Beträufeln mit Öl etc. regt die Tiere nur zur vermehrter Speichelabgabe an), nach oben herausgezogen werden. Es ist darauf zu achten, daß die Zecke nicht gequetscht wird; leichtes Drehen verhindert dabei, daß der Kopf der Zecke abreißt.

1

2

3

1 Gewöhnlicher Steinkriecher

Lithobius forficatus
(Steinläufer)

Kennzeichen: 20–35 mm. Hundertfüßer tragen an jedem Rumpfsegment ein Beinpaar, der Steinkriecher hat 15 Beinpaare. Bei dem mit dem Kopf verschmolzenen ersten Rumpfsegment ist das Beinpaar zu großen Giftklauen umgebildet. Die Fühler sind lang und vielgliedrig.
Verbreitung: In ganz Mitteleuropa weit verbreitet.
Lebensraum: Meist in offenem Gelände, gerne in Gärten.
Lebensweise: Die nachtaktiven Tiere leben mehr oder weniger rein räuberisch, sie jagen mit ihren Giftzangen vor allem Asseln, Spinnen und Insekten. Tagsüber verstecken sie sich unter Steinen, Laub, Rinde und gelagertem Holz.
Interessantes: Steinläufer besitzen an den beiden letzten Beinpaaren Wehrdrüsen. Werden sie von größeren Spinnen oder Ameisen bedrängt, schleudern sie durch Schlagen der Endbeine das klebrige Wehrdrüsensekret aus, welches die Angreifer stark behindert oder sogar fesselt.

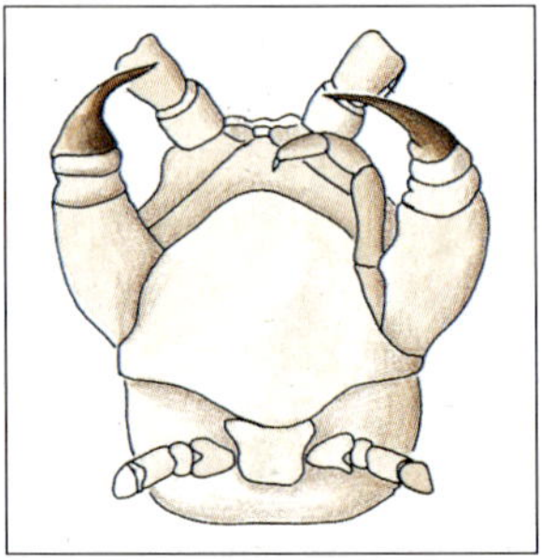

2 Tausendfüßer

Diplopoda sp.
(Doppelfüßer)

Kennzeichen: 5–50 mm. Bei den Beinpaaren wird die Zahl »Tausend« allerdings nicht erreicht; eine in den Alpen lebende Art bringt es auf 121 Beinpaare. Das erste Rumpfsegment ist beinpaarlos, die Segmente zwei bis vier tragen jeweils nur ein Beinpaar und erst ab dem fünften Rumpfsegment treten die typischen »Doppelfüße« auf.
Verbreitung: Weltweit.
Lebensraum: Von der Ebene bis ins Gebirge, v.a. in der Fallaubschicht der Wälder.
Lebensweise: Tausendfüßer sind reine Pflanzenfresser, die sich meist von abgestorbenem Pflanzenmaterial ernähren. Sie sind somit wichtige Streuzersetzer und tragen wie die Regenwürmer zur Humusbildung des Bodens bei.
Interessantes: Die Doppelfüßer drängen sich mit dem gesamten Körper durch Falllaub und obere Bodenschichten. Die stammesgeschichtliche Entstehung der Doppelsegmente könnte man damit erklären, daß ohne Vergrößerung der Beine und Verlängerung des Körpers, durch die Vermehrung der Beinzahl die Schubkraft stark erhöht wird.

Mit den mächtigen Giftklauen lähmt der Steinkriecher seine Beutetiere.

1

2

1 Kellerassel

Porcellio sp.
(Asseln)

Kennzeichen: 13–22 mm. Mit sieben gleichförmigen Schreitbeinpaaren; Fühlergeißel deutlich zweigliedrig.
Verbreitung: Die Art gehört in Mitteleuropa zu den häufigsten Asseln.
Lebensraum: Meist auf mäßig feuchten Plätzen; tagsüber unter Steinen, Fallaub oder in Mauerritzen.
Lebensweise: Landasseln haben keinen wirksamen Verdunstungsschutz und drohen somit, auszutrocknen. Deshalb sind die Tiere nur nachtaktiv. Sie ernähren sich vorwiegend von weichen, saftigen, zerfallenden Pflanzenteilen; viele Arten bevorzugen zersetzendes Fallaub und sind somit ebenfalls wichtige Humusbilder. Hauptfeinde der Kellerasseln sind Spinnen. Zu ihrer Abwehr werden Drüsen eingesetzt, die an den Seiten der Brust- und hintersten Körpersegmente sitzen und ein klebriges Sekret absondern. Eine Spinne, die sich in den zäh klebrigen Fäden verstrickt, läßt sofort von ihrem Opfer ab.

2 Saftkugler

Glomeris connexa
(Saftkugler)

Kennzeichen: 7–17 mm. Mit roter Fleckenstreifung; die kleinen Beine sind von oben meist nicht sichtbar. Es gibt eine Reihe ähnlicher, auch ungefleckter Arten.
Verbreitung: Mittel- und Südeuropa.
Lebensraum: In Wäldern mit reicher Streuschicht, in Gebirgen und Hügellagen.
Lebensweise: Saftkugler ernähren sich von pflanzlichen Abfallstoffen und Pollen, gelegentlich auch von Moosen, Pilzen und Aas. Bei Gefahr können sie sich komplett einrollen; Kopf, Hinterende und Beine sind dann unter den kräftigen zwölf Rückenplatten verdeckt, und der Körper bildet eine fest geschlossene Kugel. Unter extremen Umständen können die Tiere sogar Tage in diesem Zustand verharren. Bei stärkerer Reizung machen sie zusätzlich von ihren Wehrdrüsen Gebrauch, die etwa in Rückenmitte ausmünden.
Interessantes: In Übereinstimmung mit der Lebensweise haben unter den Asseln die Rollasseln einen ganz ähnlichen Mechanismus entwickelt. Auf den ersten Blick ist es deshalb schwierig, eine zusammengerollte Assel von einem Saftkugler zu unterscheiden.

Ein eingerollter Saftkugler kann viele Stunden eine nahezu fest geschlossene Kugel bilden.

1

2

1 Springschwanz

Collembola sp.
(Springschwänze)

Kennzeichen: 0,25–10 mm; meist 1–2 mm. Neben langgestreckten Arten gibt es auch fast kugelförmige Tiere (Kugelspringer). Das charakteristische Merkmal ist ihre Sprunggabel, die in Ruhestellung unter den Körper geklappt wird.
Verbreitung: Ganz Europa.
Lebensraum: Alle Lebensräume; besonders zahlreich kommen sie in den oberen Humusschichten vor (unter 1 m^2 bis zu 400 000 Tiere).
Lebensweise: Springschwänze ernähren sich v. a. von zerfallenden pflanzlichen Stoffen und spielen so bei der Humusbildung eine sehr wichtige Rolle.
Interessantes: Die Sprunggabel wird zur Flucht eingesetzt: Durch Muskelkontraktion wird sie nach hinten in die Strecklage geschlagen, was die Tiere einige Zentimeter weit vorwärts treibt.

2 Felsenspringer

Archaeognatha sp.
(Felsenspringer)

Kennzeichen: 8–23 mm. Primär flügellose Insekten, am Ende des langgestreckten, spindelförmigen Körpers mit drei ziemlich langen, borstenförmigen Anhängen.
Verbreitung: Weltweit.
Lebensraum: V. a. Gesteinsschutt, Geröllhaufen, Felsspalten, Felswände und Flußtäler, vielfach im Gebirge, aber auch Felsküsten in der Gezeitenzone; einige Arten auch in lichten Kiefernwäldern.
Lebensweise: Als Nahrung weiden die Tiere in erster Linie Algen und Flechten von Felswänden, Steinen oder Baumrinde ab, nehmen aber auch andere pflanzliche Stoffe auf. Bei Reizung oder Gefahr fliehen Felsenspringer durch ungerichtete Sprünge von 3 bis 5 cm Höhe und bis zu 10 cm Weite.

3 Silberfischchen

Lepisma saccharina
(Fischchen)

Kennzeichen: 7–11 mm. Der Körper ist silbrig beschuppt, besitzt lange Fühler und drei Schwanzanhänge.
Verbreitung: Weltweit.
Lebensraum: Als wärmeliebende Art kommt es bevorzugt in Häusern vor.
Lebensweise: Als Allesfresser ernährt es sich von allen möglichen organischen Stoffen. Da sie oft an süßen Stoffen (z. B. Zucker) fressen, werden sie auch »Zuckergast« genannt.
Interessantes: Silberfischchen können einige Jahre leben. Aufgrund ihrer nächtlichen und verborgenen Lebensweise ist ihr eigenartiges Paarungsspiel erst in letzter Zeit bekannt geworden. Männchen und Weibchen laufen während der gesamten Paarung aufgeregt umher. Unter einigen schräg von einer Wand zum Boden laufenden Spinnfäden befestigt das Männchen am Boden ein Samenpaket. Das Weibchen findet das Samenpaket und nimmt es in die Geschlechtsöffnung auf.

1

2

3

1 Eintagsfliege

Ecdyonurus sp.
(Eintagsfliegen)

Kennzeichen: 10–18 mm. Das hintere Flügelpaar ist viel kleiner als die Vorderflügel. Am Ende des Hinterleibes sitzen zwei lange Schwanzfäden.
Verbreitung: In ganz Europa.
Lebensraum: In der Nähe von Fließgewässern (Bächen).
Lebensweise: Die Imagines können mit ihren verkümmerten Mundwerkzeugen keine Nahrung aufnehmen. Sie leben meist nur einige Stunden bis wenige Tage. Bei den meisten einheimischen Arten dauert die Larvenzeit etwa ein Jahr.
Interessantes: Die Eiablage erfolgt im Flug über Wasser oder durch Tupfen auf die Wasseroberfläche. Die Larven sind durch ihre flache Körperform sehr gut an das Leben im Wasser angepaßt und weiden in der Strömung auf Steinen den pflanzlichen Aufwuchs ab. Die Atmung erfolgt über blattartige Tracheenkiemen, die seitlich am Hinterleib sitzen. Aus dem letzten Larvenstadium schlüpft das vollgeflügelte Insekt, das sich an Land nochmals zur flugfähigen Form häutet.

Die abgeflachten Larven der Eintagsfliege klammern sich an Steinen fest und können so auch in Gewässern mit stärkerer Strömung leben.

2 Dänische Eintagsfliege

Ephemera danica
(Eintagsfliegen)

Kennzeichen: 11–24 mm. Flügel durchsichtig und leicht gefleckt. Der elfenbeinweiße bis graue Hinterleib weist eine paarige Fleckenzeichnung auf und endet in drei langen, fadenartig auslaufenden Schwanzfäden.
Verbreitung: Fast in ganz Europa.
Lebensraum: An stehenden und langsamfließenden Gewässern, sowohl im Tiefland als auch in den Mittelgebirgen.
Lebensweise: Die Imagines fliegen in den Monaten Mai bis Juni. Die Larven leben in den sandigen und oft lehmhaltigen Anschwemmungen von Bächen und Flüssen; sie graben kleine Tunnels und ernähren sich hauptsächlich von organischen Bestandteilen der Bodenoberfläche. Sie atmen mit Tracheenkiemen, die an den Seiten der Hinterleibssegmente sitzen.
Interessantes: Man kann im Boden pro Quadratmeter bis zu 400 Larven finden. Im Winter stagniert ihr Wachstum, so daß ihre gesamte Entwicklung je nach Temperatur und Ernährungsbedingungen bis zu drei Jahre dauern kann.

1

2

1 Blauflügel-Prachtlibelle
Calopteryx virgo
(Kleinlibellen)

Kennzeichen: Länge 50 mm, Spannweite 70 mm. Die Männchen sind durch die einheitlich blauschwarzen Flügel unverwechselbar; die Weibchen haben einheitlich braun getönte Flügel.
Verbreitung: In ganz Europa, oft zusammen mit der Gebänderten Prachtlibelle.
Lebensraum: V.a. langsamfließende Bäche und Flüsse, besonders solche mit sandigem Untergrund.
Lebensweise: Die Männchen besetzen nicht ganz 3 m^2 große Reviere, die sie gegen Artgenossen verteidigen. Taucht ein Weibchen auf, zeigt der Revierinhaber ein typisches Balzverhalten. In einer Art Stehflug vollführen seine Flügel schraubenförmige Bewegungen.

2 Frühe Adonislibelle
Pyrrhosoma nymphula
(Kleinlibellen)

Kennzeichen: Länge 35 mm, Spannweite 45 mm. Die Rotfärbung dominiert; bei den Männchen sind nur die hinteren Segmente, bei den Weibchen alle Hinterleibssegmente oberseits schwarz gezeichnet. Die Beine sind einfarbig schwarz.
Verbreitung: In ganz Europa, außer im äußersten Norden und Süden.
Lebensraum: Bevorzugt pflanzenreiche Kleingewässer wie Moortümpel, Weiher und langsamfließende Bäche.
Lebensweise: Die Paarung variiert. Das Paar sitzt horizontal oder vertikal hintereinander, das Männchen steht senkrecht über dem horizontalen Weibchen, oder das Männchen sitzt auf einer vertikalen, das Weibchen auf einer horizontalen Unterlage. Die Eier werden an die unterschiedlichsten Substrate im und am Wasser abgelegt.

3 Hufeisen-Azurjungfer
Coenagrion puella
(Kleinlibellen)

Kennzeichen: Länge 35 mm, Spannweite 45–50 mm. Männchen hellblau, mit einer schwarzen, hufeisenförmigen Zeichnung auf dem zweiten Hinterleibssegment. Weibchen meist grünlich, mit oberseits fast durchgehend schwarzem Hinterleib.
Verbreitung: Fast in ganz Europa. Eine unserer häufigsten Kleinlibellen.
Lebensraum: Bevorzugt kleinere, stehende oder langsamfließende Gewässer.
Lebensweise: Paarung und Eiablage erfolgt auf verschiedensten Wasserpflanzen, die bis zur Wasseroberfläche reichen. Oft findet man viele »Paarungsräder« gleichzeitig bei der Eiablage. Die Eier entwickeln sich innerhalb von zwei bis fünf Wochen, die Larven überwintern. Ab Anfang Mai bis Ende August schlüpfen die Imagines.
Interessantes: Bei der Eiablage verankert sich das Männchen mit den Hinterleibsanhängen an der Vorderbrust der Weibchen und steht steif und aufrecht, mit angezogenen Beinen über der Partnerin.

1

2

3

1 Gewöhnliche Binsenjungfer

Lestes sponsa
(Kleinlibellen)

Kennzeichen: Länge 35 mm, Spannweite bis 45 mm. Grünmetallisch bis kupfern gefärbt; der Hinterleib des Männchens ist vorn und hinten hellblau bereift.
Verbreitung: In Mittel- und Nordeuropa, bis nach Nordasien.
Lebensraum: An Teichen und Tümpeln mit Binsen- oder Schachtelhalmvegetation; auch ausgetrocknete Gewässer oder abgelassene Fischteiche.
Lebensweise: Die Flugzeit reicht von Ende Juni bis Ende September. Die Binsenjungfern sind erst in den warmen Mittagsstunden aktiv. Bei der Paarung sitzt das Männchen senkrecht über dem Weibchen. Die Eiablage erfolgt ins Mark von im Wasser stehenden Pflanzenstengeln. Dabei können die Tiere bis zu einer halben Stunde untertauchen. Die abgelegten Eier entwickeln sich erst im darauffolgenden Frühjahr. Die träge schwimmenden Larven sind nach 6 bis 8 Wochen ausgewachsen.

2 Blaugrüne Mosaikjungfer

Aeshna cyanea
(Großlibellen)

Kennzeichen: Länge bis 80 mm, Spannweite bis 110 mm. Leuchtend blau und grün gefärbt, mit schwarzer Zeichnung. Schwarzer T-förmiger Fleck auf der Stirn.
Verbreitung: In ganz Europa.
Lebensraum: Es gibt kaum ein Gewässer, das nicht von der anspruchslosen Blaugrünen Mosaikjungfer bewohnt wird.
Lebensweise: Die Imagines streifen oft weit entfernt von den Wohngewässern der Larven umher; sie jagen vor allem fliegende Insekten. Wird ein Gartenteich angelegt, so dauert es meist nicht lange, bis die erste Blaugrüne Mosaikjungfer erscheint und ihre Eier darin ablegt. Die Larve ernährt sich von Wasserflöhen, Stechmücken- und Eintagsfliegenlarven sowie von Fischbrut. Ein wirtschaftlicher Schaden entsteht dadurch allerdings nicht. Zum Schlüpfen klettert die Larve an einem senkrechten Pflanzenstengel hoch. Die Rückenseite der Brust und des Kopfes der Larvenhaut platzen auf, und die erwachsene Libelle schiebt sich aus der Larvenhaut heraus. Der gesamte Schlüpfvorgang bis zum Öffnen der Flügel dauert etwa ein bis drei Stunden; zurück bleibt die leere Larvenhaut (*Exuvie*).

Nach dem Schlüpfen der Libelle bleibt die leere Larvenhaut (*Exuvie*) zurück.

1

2

1 Blutrote Heidelibelle

Sympetrum sanguineum
(Großlibellen)

Kennzeichen: Länge bis 40 mm, Spannweite bis 60 mm. Auch hier sind – wie bei den meisten Libellen – die Männchen prächtiger gefärbt als die Weibchen. Der Hinterleib ist leuchtend blutrot gefärbt, beim Weibchen gelbbraun bis rötlich.
Verbreitung: In ganz Europa sowie Nordafrika und Kleinasien.
Lebensraum: Alle möglichen stehenden Gewässer, oft an Fischteichen.
Lebensweise: Die Eiablage erfolgt selten ins freie Wasser, vielmehr werden feuchte Böden mit nur niedriger Vegetation (Moose, Gräser) bevorzugt. Dort findet man im September oft Scharen von eierlegenden Paaren auf engstem Raum. Die Eier überwintern im feuchten Schlamm und werden mit den Niederschlägen im Winterhalbjahr ins tiefere Wasser gespült. Die Larven leben zwischen Wasserpflanzen und jagen Wasserflöhe und verschiedene Planktontiere.

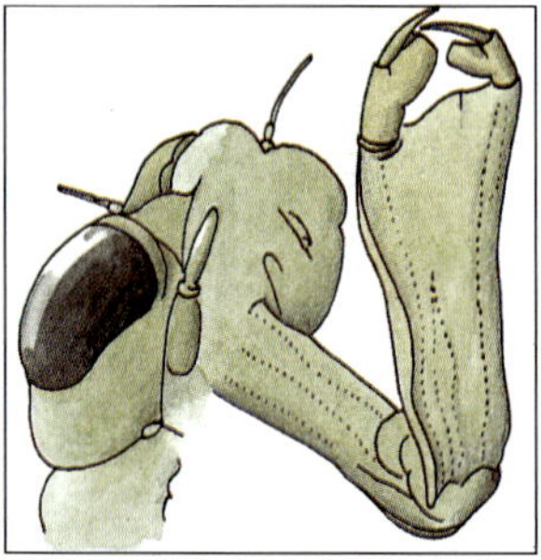

2 Große Königslibelle

Anax imperator
(Großlibellen)

Kennzeichen: 70–80 mm Länge, Spannweite bis 110 mm, eine der größten einheimischen Libellen. Die Brust ist einfarbig grün, der Hinterleib des Männchens azurblau, der des Weibchens mehr grünblau.
Verbreitung: Süd- und Mitteleuropa, im Norden in Einzelfällen bis Südskandinavien.
Lebensraum: Nährstoffreiche, stehende Gewässer; aber auch oft weit entfernt von den Wohngewässern.
Lebensweise: Die Königslibelle ist ein ausdauernder Flieger. Die Männchen patrouillieren von Mai bis September »majestätisch« an ihren Gewässern und verjagen alle Konkurrenten. Gejagt wird meist gegen Abend, bevorzugte Beute sind Schmetterlinge. Auch die Larven erreichen eine beachtliche Größe (bis 55 mm) und benötigen für ihre Entwicklung meist nur ein Jahr.
Interessantes: Ein charakteristisches Merkmal der Libellenlarven ist die *Fangmaske*. Die Unterlippe ist zu einem mehrgliedrigen, mit Greifzangen bewehrten Fangapparat umgeformt. Befindet sich ein Opfer in Reichweite, schnellt die Maske hervor und ergreift es mit den scharfen Dolchen.

Die Fangmaske der Libellenlarve kann in Bruchteilen von Sekunden hervorschnellen.

1

2

1 Zweigestreifte Quelljungfer

Cordulegaster boltoni
(Großlibellen)

Kennzeichen: Länge bis 85 mm, Spannweite 100 mm. Brust und Hinterleib schwarz mit gelben Ringen (je eine breite und eine schmale Querbinde auf dem Hinterleib).
Verbreitung: Fast ganz Europa.
Lebensraum: Inselartig an Bergbächen und Quellsümpfen verbreitet. Die Larven benötigen eine gute Wasserqualität.
Lebensweise: Die Larvalentwicklung in den kalten Gebirgsbächen dauert drei bis fünf Jahre. Im Bachgrund eingegraben lauern sie, nur mit herausschauender Fangmaske, auf vorbeitreibende Beute, v. a. auf Eintags- und Steinfliegen- sowie Zuckmückenlarven. Der Schlüpfvorgang beginnt in der Nacht und dauert bis zum Mittag des nächsten Tages.
Interessantes: Eine gegen Gewässerverunreinigung sehr empfindliche und daher gefährdete Art.

2 Südlicher Blaupfeil

Orthetrum brunneum
(Großlibellen)

Kennzeichen: Länge 45 mm, Spannweite 70 mm. Brust und Hinterleib der Männchen sind blau; die Weibchen wirken grau bis schmutzig braun, ihre Stirn ist weiß.
Verbreitung: Mittel- und Südeuropa, mit Schwerpunkt im Mittelmeerraum.
Lebensraum: Stehende und langsamfließende Gewässer mit wenig Ufervegetation.
Lebensweise: Zur Paarungszeit verteilen sich die Männchen am Gewässerufer und besetzen Reviere von 25–50 m Länge. Nähert sich ein Weibchen, wird es im Flug ergriffen und festgehalten. Es kommt zur Bildung eines Paarungsrades, und die Tiere setzen sich kurz zur Kopulation an Zweigen ab. Das Männchen trennt sich vom Weibchen und fordert es zum Auffliegen auf. Kurz darauf legt das Weibchen die Eier ins freie Wasser, stets von dem darüberfliegenden Männchen bewacht.

3 Vierfleck

Libellula quadrimaculata
(Großlibellen)

Kennzeichen: Länge 40 bis 50 mm, Spannweite 80 mm. Jeder Flügel mit zwei dunklen Flecken.
Verbreitung: Von Skandinavien bis in den Mittelmeerraum häufig vertreten; gelegentlich können Wanderzüge beobachtet werden.
Lebensraum: Bevorzugt stehende Gewässer wie pflanzenreiche Weiher oder Moorgewässer.
Lebensweise: Nach dem Schlüpfen jagen Vierfleck-Libellen etwa zwei Wochen lang weit entfernt von den Gewässern nach allerlei Kleininsekten. Zur Paarung werden wieder Gewässer aufgesucht, und bereits nach 30 Sekunden ist diese beendet.
Interessantes: In manchen Jahren kann es zu einer Massenentwicklung kommen: Gegen 7 Uhr morgens schlüpfen dann die Libellen bis zu mehreren Tausend.

1

2

3

1/2 Steinfliege

Perla grandis
(Steinfliegen)

Kennzeichen: Körperlänge bis ca. 30 mm. Die zwei Paar häutigen Flügel werden in Ruhe flach über dem Hinterleib abgelegt. Der Hinterleib besitzt am Ende zwei Anhänge; am Kopf sitzen lange, fadenförmige Fühler.
Verbreitung: Mitteleuropa.
Lebensraum: Die Larven leben in fließenden Gewässern, die vollentwickelten Insekten bleiben in Gewässernähe.
Lebensweise: Die Imagines zeigen keine besondere Neigung zum Fliegen, bei Störungen laufen sie eher davon, anstatt schwerfällig flatternd wegzufliegen. Zur Begattung, die bald nach dem Schlüpfen stattfindet, sitzt das Männchen neben dem Weibchen. Bei der Eiablage taucht das Weibchen seinen Hinterleib ins Wasser. Die Larven (Bild 2) tragen am Hinterleibsende zwei gegliederte Schwanzanhänge und sind gefräßige Räuber, die wirbellose Wassertiere jagen. Ihre Entwicklung dauert drei Jahre und beinhaltet etwa 20 Häutungen.
Interessantes: Die Larven atmen vielfach über die Haut, teilweise mit den schlauchförmigen Tracheenkiemen, die v.a. an der Brust sitzen. Sie bevorzugen sauerstoffreiche, schnellfließende Gewässer und reagieren gegen Verschmutzungen sehr empfindlich. Es sind daher Indikatoren für eine hohe Wassergüte.

3 Gemeiner Ohrwurm

Forficula auricularia
(Ohrwürmer)

Kennzeichen: 10–20 mm. Flügeldecken reduziert, einfarbig; Hinterleib mit zangenförmig gebogenen Schwanzanhängen (*Cerci*).
Verbreitung: In ganz Europa; häufig.
Lebensraum: Die nachtaktiven Ohrwürmer sind Bodenbewohner, die sich tagsüber unter Steinen, Laub und Holzstücken verbergen. Auch in Häusern (Keller, Blumentöpfe) kommen sie vor.
Lebensweise: Ohrwürmer sind Allesfresser, die sich von pflanzlicher und tierischer Nahrung ernähren.
Interessantes: Erstaunlich hoch entwickelt ist die Brutfürsorge des Weibchens: Nach der Eiablage von 20–50 Eiern in den Boden werden diese bewacht und gegen Feinde verteidigt. Ein regelmäßiges Wenden und Belecken verhindert Verpilzung und Austrocknung. Ohne diese Pflege würde das Gelege mit Sicherheit zugrunde gehen. Auch wenn die Larven geschlüpft sind, kümmert sich die Mutter noch um ihren Nachwuchs (Brutpflege). Erst nach der zweiten Larvenhäutung gehen die Larven auf selbständige Nahrungssuche. Oft stirbt das Weibchen in der Bruthöhle und wird von den Larven verzehrt.

1

2

3

Gottesanbeterin

Mantis religiosa
(Fangschrecken)

Kennzeichen: 40–75 mm. Auffallend ist der verlängerte Hals und die Umbildung der Vorderbeine zu Fangbeinen. Es gibt braune und grüne Individuen, die auch am gleichen Platz vorkommen.
Verbreitung: Ursprünglich wohl sehr weit verbreitet, tritt sie heute in Mitteleuropa nur in Wärmegebieten (z. B. am Kaiserstuhl, im Saarland) auf. Meist deckt sich ihr Vorkommen mit den für Weinanbau günstigen Gegenden.
Lebensraum: Trockenwarme Biotope, meist Südhänge. Bevorzugt geschlossene Grasflächen, auch in buschbestandenem Gelände.
Lebensweise: Gottesanbeterinnen sitzen gut getarnt in der Vegetation und lauern auf vorbeikommende Insekten. In Lauerstellung sind die Fangbeine wie »zum Gebet« gehalten. Die Hüfte ist stark verlängert, und die bedornte Schiene wird klappmesserartig gegen den ebenfalls bedornten Schenkel gepreßt. Die 100 bis 300 Eier werden in zylindrischen Kokons (4 cm lang, 2 cm breit) meist unter Steinen abgelegt (Bild 2). In diesen Kokons sind die Eier gegen mechanische Einwirkung, Feinde und v. a. Witterungseinflüsse geschützt. Die vielen kleinen Luftkammern in den Wänden bilden eine hervorragende Isolation gegen Wärme, Kälte und Feuchtigkeit.
Interessantes: Bei der Paarung muß das kleinere Männchen äußerst vorsichtig sein, um vom größeren Weibchen nicht für Beute gehalten zu werden. Es pirscht sich von hinten an und erstarrt sofort, wenn sich das Weibchen bewegt. Hat es sich nahe genug angeschlichen, springt es auf das Weibchen und umklammert dessen Flügel, streichelt sie mit den Fühlern und kopuliert. Dabei befindet sich sein Hinterleib rechts von dem des Weibchens und wird am Ende nach links gedreht. Bei in Gefangenschaft gehaltenen Gottesanbeterinnen wird das Männchen nach der Kopulation oft vom Weibchen gefressen. Gottesanbeterinnen können gut fliegen und sind nachts sogar in der Lage, auf Ultraschall-Laute jagender Fledermäuse mit Richtungsänderungen zu reagieren.

Der Kokon einer Gottesanbeterin im Querschnitt; ganz deutlich sind die Luftkammern zu sehen.

1

2

1 Küchenschabe

Blatta orientalis
(Schaben)

Kennzeichen: 20–25 mm. Die Flügeldecken der Männchen sind kürzer als der Hinterleib, bei den Weibchen sind es nur kurze Lappen; die Färbung ist meist dunkelbraun.
Verbreitung: Weltweit.
Lebensraum: Als wärmeliebende, von Südrußland eingeschleppte Art, kommt sie bei uns in der Regel nur in Gebäuden vor.
Lebensweise: Männchen und Weibchen finden sich hauptsächlich durch einen vom Weibchen ausströmenden Sexualduftstoff. Bei der Paarung versucht das Männchen seinen Hinterleib von vorne unter das Weibchen zu schieben, biegt diesen aufwärts und verankert sich in der Geschlechtskammer des Weibchens. Jetzt drehen sich die Partner und sitzen mit abgewandten Köpfen in einer Linie.
Interessantes: Der den Schaben eigene scharfe Geruch wird von Stinkdrüsen verursacht, die am Hinterleib ausmünden.

2 Amerikanische Großschabe

Periplaneta americana
(Schaben)

Kennzeichen: 20–40 mm. Flügeldecken länger als der Hinterleib, einfarbig rotbraun. Kräftige, lange Beine.
Verbreitung: Weltweit.
Lebensraum: Eine aus den Tropen eingeschleppte Art, die bei uns nur in warmen Gebäuden auftritt.
Lebensweise: Die Imagines leben etwa 6–12 Monate und sind Allesfresser. Sie verschmutzen durch Kot Lebensmittel, Wände und Möbel und werden v. a. wegen der Übertragung gefährlicher Krankheitserreger bekämpft. Die Eier werden in Form einer typischen Eikapsel (*Oothek*) abgelegt und in Ritzen etc. versteckt. Dieser Eikokon springt vor dem Schlüpfen der Larven entlang einer länglichen Rükkennaht auf. Bei 9–13 Larvenstadien dauert die Entwicklung über ein Jahr.
Interessantes: Bei den flinken Läufern wurden Spitzengeschwindigkeiten von 74 cm pro Sekunde gemessen. Als gute Bekämpfungsmaßnahme können im Haushalt Klebefallen eingesetzt werden.

3 Gewöhnliche Waldschabe

Ectobius lapponicus
(Schaben)

Kennzeichen: 7–14 mm. Kleine, freilebende Schaben, mit weniger stark sklerotisierten, meist gelbbraun gefärbten Flügeldecken.
Verbreitung: Vom Nordkap bis Italien überall in Europa verbreitet und häufig.
Lebensraum: Wald- und Heidegebiete, oft auf niedriger Vegetation (auch Gräsern).
Lebensweise: Im Gegensatz zu den meisten anderen Schaben sind die Waldschaben tagaktiv und können einige hundert Meter weit fliegen. Sie ernähren sich von verschiedenen organischen Abfällen, möglicherweise auch von Kleintieren. Die Larven überwintern am Boden unter Laub und Moos.

1

2

3

1 Großes Heupferd

Tettigonia viridissima
(Langfühlerschrecken)

Kennzeichen: 28–42 mm. Leuchtend grün, am Rücken oft braun gefärbt. Die Legeröhre des Weibchens reicht etwa bis zur Spitze der langen Flügel.
Verbreitung: Ganz Europa.
Lebensraum: Auf Kulturflächen, in Gärten und Getreidefeldern; auch in Siedlungen, an sonnigen Wegrändern und auf Trockenrasen.
Lebensweise: Die Nahrung besteht überwiegend aus Insekten (Fliegen, Raupen, Schmetterlinge); die Junglarven fressen gerne Blattläuse, sind also sehr nützliche Gartenbewohner. Das Große Heupferd ist tag- und nachtaktiv und singt von Mittag bis Mitternacht, wobei es oft in die Baumkronen klettert. Haben die Tiere einmal einen solchen Standort ausgewählt, so behalten sie diesen längere Zeit bei, d. h. man kann sie jeden Abend an der gleichen Stelle zirpen hören. Trotz der langen Flügel fliegen Heupferde meist nur kurze Strecken (bis zu 100 m); die Flugweise erinnert an einen Hubschrauber. Die Begattung kann fast eine dreiviertel Stunde dauern. Während dieser recht langen Zeit wird das Spermienpaket des Männchens auf das Weibchen übertragen. Nach der Paarung legt das Weibchen mit dem langen Legesäbel etwa 70–100 längliche, braune Eier einzeln in den Boden. Die Entwicklung erstreckt sich manchmal sogar über mehr als fünf Jahre.

2 Maulwurfsgrille

Gryllotalpa gryllotalpa
(Langfühlerschrecken)

Kennzeichen: 35–50 mm. Die Tiere sind gelblich bis braun gefärbt und fein behaart. Die Fühler sind kurz, das kräftige Halsschild bildet zusammen mit dem ganzen Vorderkörper eine stromlinienförmige Einheit. Die Vorderbeine sind zu breiten Grabschaufeln umgebildet.
Verbreitung: In ganz Europa.
Lebensraum: Ruderalflächen und Gärten mit lockeren Böden, wo die Tiere ihre unterirdischen Gänge graben können.
Lebensweise: Die Maulwurfsgrille ernährt sich überwiegend von Insekten und anderen kleinen Bodentieren; nur z. T. werden Wurzeln abgenagt oder die Jungpflanzen durch Unterwühlen geschädigt.
Interessantes: Die Begattung erfolgt im Sommer stets in den Gängen. Der Balzgesang besteht aus einem lang anhaltenden Surren, das vor allem abends im Mai und Juni ertönt; dabei liegt mal der rechte, mal der linke Vorderflügel oben. Nach diesem Balzgesang des Männchens steigt das Weibchen zur Kopulation auf das Männchen. Für die Eiablage wird vom Weibchen eine besondere Höhle in etwa 8 cm Tiefe angefertigt. Die Wände dieser im Durchmesser 5 bis 10 cm großen Brutkammer werden festgedrückt; in ihr werden die 200–500 Eier abgelegt und eine Zeitlang bewacht. Die Junglarven schlüpfen nach ungefähr drei Wochen. Die gesamte Entwicklung dauert bei uns eineinhalb bis zweieinhalb Jahre.

1

2

1 Warzenbeißer

Decticus verrucivorus
(Langfühlerschrecken)

Kennzeichen: 24–44 mm. Ähnelt dem Großen Heupferd, ist aber kräftiger und gedrungener. Die Färbung schwankt zwischen grün, gelbbraun und schwarzbraun.
Verbreitung: In ganz Europa.
Lebensraum: Typischer Bewohner von Trockenrasen, kurzgrasigen Bergwiesen, kommt aber auch in Äckern und auf Feuchtwiesen vor.
Lebensweise: Larven und Imagines ernähren sich vorwiegend von Insekten, daneben werden auch Pflanzenteile aufgenommen. Die Art ist ausgesprochen tagaktiv und singt nur bei Sonnenschein.
Interessantes: Die Lauterzeugung erfolgt durch Übereinanderreiben der Vorderflügel; der linke Vorderflügel liegt dabei oben. An seiner Unterseite befindet sich die Schrilleiste, die über die Schrillkante des rechten Flügels streicht. Die spaltförmigen Hörorgane sitzen in den Schienen der Vorderbeine. Der Name »Warzenbeißer« beruht auf Volksglauben: Man läßt sich von ihm die Warzen abbeißen und diese durch dabei abgegebenen Darmsaft verätzen.

2 Gewöhnliche Strauchschrecke

Pholidoptera griseoaptera
(Langfühlerschrecken)

Kennzeichen: 13–18 mm. Die Grundfarbe variiert zwischen graubraun und rotbraun, der Bauch ist leuchtend gelb. Die Flügel sind stark verkürzt und beim Männchen etwa 5 mm, beim Weibchen meist nur 1 mm lang.
Verbreitung: In ganz Mitteleuropa, nach Norden zu etwas seltener.
Lebensraum: Die Art lebt vor allem auf Waldlichtungen und an Waldrändern, z. T. auch auf Ödland oder gebüschreichen Trockenrasen.
Lebensweise: Die Imagines sind tag- und nachtaktiv und machen Jagd auf alle möglichen Insekten wie Raupen, Blattläuse und Fliegen; aber auch Pflanzen werden gefressen. Der schrille Ruf der Männchen besteht aus drei Einzeltönen, die bei höheren Temperaturen zu einem weit hörbaren Einzelton verschmelzen können.

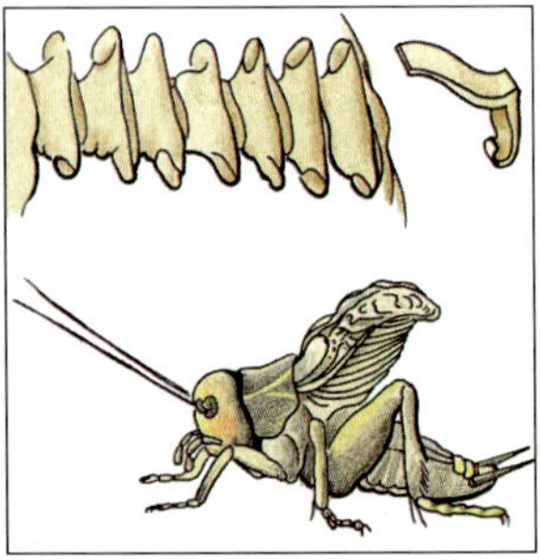

Strauchschrecke: Zur Lauterzeugung werden die Flügel leicht angehoben und reiben aneinander; dabei streicht die Schrillkante (rechts) über die Schrilleiste (links).

1

2

1 Gemeiner Grashüpfer

Chorthippus parallelus
(Kurzfühlerschrecken)

Kennzeichen: 13–23 mm. Die Grundfärbung schwankt zwischen braun, grün, gelblich und rötlich, auch bunt gescheckte Tiere können vorkommen. Die Vorderflügel reichen beim Männchen fast bis zur Spitze des Hinterleibes, beim Weibchen etwa bis zur Mitte.
Verbreitung: In ganz Mitteleuropa häufig.
Lebensraum: Auf mäßig feuchten Wiesen, an Wegrändern oder in Mooren, aber auch auf Trockenrasen und in Heidegebieten.
Lebensweise: Alle Kurzfühlerschrecken sind Pflanzenfresser. Aus den überwinternden Eiern schlüpfen die raupenähnlichen Larven, die sich schnell entwickeln, so daß oft schon im Juni erwachsene Grashüpfer auftreten.
Interessantes: Im Gegensatz zur Lauterzeugung der Langfühlerschrecken erfolgt bei den Kurzfühlerschrecken die Lautäußerung durch Auf- und Abwärtsreiben der Hinterschenkel an einer hervorstehenden Ader (Schrillkante) der Vorderflügel. Die Schrilleiste an der Innenseite der Hinterschenkel besteht aus einer Reihe kräftiger, kurzer Zäpfchen.

2 Brauner Grashüpfer

Chorthippus brunneus
(Kurzfühlerschrecken)

Kennzeichen: 14–25 mm. Die Flügel überragen bei beiden Geschlechtern etwas den Hinterleib; die Spitze des Hinterleibes ist beim Männchen, auch oft beim Weibchen oben rot.
Verbreitung: Ganz Mitteleuropa.
Lebensraum: Trockene Lebensräume, Sandgruben, Trockenrasen und Waldlichtungen.
Lebensweise: Die erwachsenen Tiere findet man von Anfang Juli bis Oktober. Der Gesang ist markant und besteht aus harten »sst«-Lauten; diese werden in monotonen Folgen mit jeweils zwei Sekunden Abstand vorgetragen.

3 Bunter Grashüpfer

Omocestes viridulus
(Kurzfühlerschrecken)

Kennzeichen: 13–24 mm. Auch bei dieser Art ist die Färbung sehr variabel und schwankt von grünen, braunen, gelblichen bis roten Farbtönen. Oft sind die Tiere bunt gescheckt; allerdings ist die Hinterleibspitze nie rot.
Verbreitung: In ganz Mitteleuropa, nicht selten; in den Alpen findet man sie noch in 2600 m Höhe.
Lebensraum: Typischer Bewohner mäßig feuchter bis trockener Bergwiesen.
Lebensweise: Der Bunte Grashüpfer tritt schon sehr früh im Jahr als voll entwickeltes Insekt auf, oft schon ab Mitte Juni, und kann sogar bis Oktober gefunden werden. Der anfänglich anschwellende Schwirrgesang wird von einem Ticken überlagert, was etwa 10–20 Sekunden anhält.
Interessantes: Aufgrund eines komplizierten chemischen Vorgangs paßt sich die Körperfarbe an den Untergrund an.

1

2

3

1 Staublaus

Psocoptera sp.
(Staubläuse)

Kennzeichen: 1–5 mm. Weichhäutige, meist unscheinbare, gelb oder bräunlich gefärbte Landinsekten. Großer Kopf mit langen Fühlern; manche Arten mit durchsichtigen Flügeln.
Verbreitung: Weltweit.
Lebensraum: Im Freien v. a. an und unter Baumrinde, in Vogelnestern und Ameisenhaufen; einige Arten in Häusern (in Vorräten, Papier, Heu, Medikamenten).
Lebensweise: Staubläuse ernähren sich von Algen, Pilzen und Flechten.
Interessantes: Bei einigen Staublausarten können die Weibchen tickende Klopfgeräusche erzeugen, indem sie mit dem Hinterleib auf eine vibrierende Unterlage schlagen. Vermutlich dient dieses Klopfen zum Anlocken der Männchen.

2 Menschenlaus

Pediculus humanus
(Echte Läuse)

Kennzeichen: 2,5–4 mm. Körper länglich gestreckt. Kopf mit stechend-saugenden Mundwerkzeugen. Kurze, schwach klammerförmige Beine mit einklappbarer Klaue.
Verbreitung: Weltweit.
Lebensraum: Alle Echten Läuse sind blutsaugende Außenparasiten bei Mensch und Säugetieren.
Lebensweise: Möglicherweise sind die am Menschen parasitierende Kleider- und Kopflaus zwei getrennte Arten mit spezifischem Aufenthaltsort: Die ursprünglichere Kopflaus lebt v. a. am Kopfhaar; die Kleiderlaus erwarb ihre Verhaltensweisen und Merkmale erst, nachdem der Mensch begann, Kleidung zu tragen.
Interessantes: Die Stiche verursachen juckende Quaddeln, die zu heftigem Kratzen veranlassen. Über Läusekot und beim Kratzen zerquetschte Tiere können Krankheitserreger (Fleck- und Rückfallfieber) in die Hautwunden übertragen werden.

3 Fransenflügler

Parthenothrips sp.
(Fransenflügler)

Kennzeichen: 1–5 mm. Unauffällige, meist gelb bis schwarzbraun gefärbte Insekten mit stechend-saugenden Mundwerkzeugen. Die zwei Paar schmalen, bandförmigen Flügel sind am Rande mit langen Borsten (Fransen) versehen. Die Beine besitzen zweigliedrige Füße, die mit einer ausstülpbaren Haftblase enden.
Verbreitung: Weltweit.
Lebensraum: Überall dort, wo höhere Pflanzen gedeihen, da sie mit diesen direkt oder indirekt in Beziehung stehen.
Lebensweise: Die meisten Arten ernähren sich von Pflanzensaft, den sie vorzugsweise an zarten Pflanzenteilen saugen. Manche fressen Algen oder Pilze, andere saugen als räuberische Tiere kleine Insekten aus.
Interessantes: Durch die Saugtätigkeit werden viele pflanzenschädliche Viren und Bakterien übertragen.

1
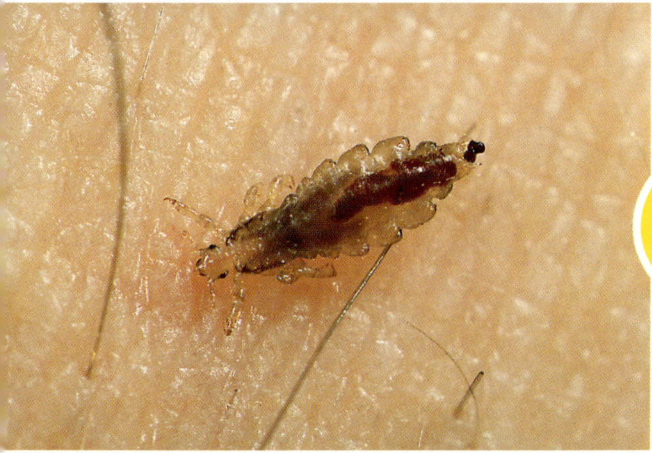
2

3

1 Streifenwanze

Graphosoma lineatum
(Wanzen)

Kennzeichen: 8–12 mm. Durch die rot-schwarze Längsstreifung unverwechselbar.
Verbreitung: Südliches Mitteleuropa und Südeuropa.
Lebensraum: V.a. auf Doldenblütlern an warmen Stellen wie Südhängen, in Wiesen und Böschungen.
Lebensweise: Die Streifenwanze saugt mit ihren stechend-saugenden Mundwerkzeugen Pflanzensäfte, ernährt sich gelegentlich aber auch räuberisch. Streifenwanzen haben ein ausgeprägtes Paarungsverhalten. Nach der Begattung trennen sich die Paare, und die Weibchen legen die Eier in Form kleiner Pakete auf der Blattoberfläche ab. Die schlüpfenden Junglarven werden noch eine Weile von der Mutter bewacht.
Interessantes: Die Rot-Schwarzstreifung ist eine Warnfärbung und signalisiert den Feinden der Streifenwanze deren Giftigkeit. Die aus den Stinkdrüsen ausgeschiedenen Wehrsekrete machen den typischen Wanzengeruch aus.

2 Feuerwanze

Pyrrhocoris apterus
(Wanzen)

Kennzeichen: 8–12 mm. Ovale, schwarz-rot gezeichnete Art. Färbung und Zeichnung können etwas variieren. Die Flügeldecken sind verkürzt und lassen so das hintere Drittel des Hinterleibes frei.
Verbreitung: Europa, Nordafrika und Asien.
Lebensraum: Häufig, in Parkanlagen, Kastanienalleen und unter Linden.
Lebensweise: Feuerwanzen leben sowohl als Imagines als auch im Larvenstadium sehr gesellig in größeren Aggregationen. Dieser Zusammenhalt wird über Sexualstoffe gefördert. Sie saugen gerne an Lindensamen und gehen gelegentlich auch an tote Insekten.
Interessantes: Die Paarung beginnt im Frühjahr (nach der Überwinterung als Imagines) mit der Balz; sie kann bis zu 30 Stunden dauern. Die gepaarten Weibchen und Männchen laufen dabei mit voneinander abgewandten Köpfen umher. Anschließend gräbt das Weibchen mit den Beinen eine kleine Erdhöhle und legt dort etwa 100 Eier ab. Manchmal werden die Eier auch einfach unter abgefallenes Laub abgelegt.

Die gesellig lebenden Larven der Feuerwanze findet man oft am Boden unter Linden.

1

2

1 Beerenwanze

Dolycoris baccarum
(Wanzen)

Kennzeichen: 10–12 mm. Kopf, Halsschild, Unterseite und Beine deutlich abstehend behaart. Die schwarzen Fühler sind weiß geringelt, die Spitze des Schildchens ist hell. Die Deckflügel sind meist rötlichviolett gefärbt.
Verbreitung: In ganz Europa.
Lebensraum: Laubmischwälder, Waldränder und -lichtungen, Parks, häufig auch in Gärten und auf Wiesen.
Lebensweise: Die Beerenwanze sitzt auf den verschiedensten Pflanzen (z. B. Königskerzen, Disteln, Brombeeren und Himbeeren) und saugt mit Vorliebe an den Beeren, die dann durch den eingespritzten Speichel teilweise ungenießbar werden. Die überwinternden Imagines werden im nächsten Frühjahr geschlechtsreif und paaren sich. Die Weibchen legen die Eier in Gruppen von etwa 30 Stück an die Blätter ab. Die Larven häuten sich fünfmal, bevor sie im Herbst voll entwickelt sind.

2 Rotbeinige Baumwanze

Pentatoma rufipes
(Wanzen)

Kennzeichen: 12–15 mm. Die Seitenecken des Halsschildes stehen stark hervor und sind hinten mit einem kurzen Zahn versehen. Die Spitze des Schildchens ist leuchtend orange; Fühler und Beine sind rotbraun.
Verbreitung: In ganz Europa, in Asien bis nach Sibirien.
Lebensraum: An Sträuchern und Laubbäumen (v. a. Eiche, Ahorn, Linde und Erle) in Parks, und Gärten, an Waldrändern.
Lebensweise: Die Rotbeinige Baumwanze saugt an Blättern und Früchten, geht gelegentlich aber auch an tote Insekten. Die Weibchen legen im August ihre Eier auf die Blattoberseiten ab. Im Gegensatz zu den meisten anderen Baumwanzen überwintern bei dieser Art die Larven, und zwar am Grunde der Bäume. Die Winterquartiere werden im April/ Mai verlassen, die Imagines erscheinen ab Juli.

3 Baumwanze

Antheminia lunulata
(Wanzen)

Kennzeichen: 6,5–9 mm. Im Körperbau ähnelt diese Wanze den Vertretern einiger Gattungen. Ihre Färbung ist hellgelb bis hellgrün; die Basis des Halsschildes und die Deckflügel sind rötlich gefärbt; die Seitenränder des Hinterleibes hell und dunkel gefleckt. Der Seitenrand des Halsschildes ist in seiner gesamten Länge schmal leistenartig und aufgebogen. Der Vorderkörper ist mit zahlreichen feinen Haaren besetzt.
Verbreitung: Europa und Asien; fehlt aber im westmediterranen Bereich.
Lebensraum: V. a. auf Blüten von Flockenblumen, Feld-Beifuß und Stranddistel.

1

2

3

1 Zornige Raubwanze

Rhinocoris iracundus
(Wanzen)

Kennzeichen: 13–18 mm. Große, kräftige Art, mit variabler rot-schwarzer Musterung; der rote Bauch mit einer Reihe schwarzer Flecke, das Schildchen ist nur an der Spitze hell. Die Vorderbeine sind zu Fangbeinen umgebildet.
Verbreitung: Ganz Europa, v. a. im Süden Mitteleuropas.
Lebensraum: Bevorzugt trokkene, warme Flächen, z.B. extensiv genutzte Wiesen.
Lebensweise: Wie alle Vertreter dieser Familie, ernährt sich die Raubwanze räuberisch von anderen Insekten. Die Beute wird durch den giftigen Speichel gelähmt und ausgesaugt. Die Larve überwintert und ist im Sommer nach fünf Häutungen fertig entwickelt.
Interessantes: Die Tiere können auch dem Menschen schmerzhafte Stiche verpassen, wenn man sie mit bloßen Händen zu fangen versucht.

2 Grüne Stinkwanze

Palomena prasina
(Wanzen)

Kennzeichen: 11–14 mm. Leuchtend grüne Art, die im Herbst dunkelbraun gefärbt sein kann. Der Halsschild-Vorderrand ist leicht konkav gebogen; das zweite und dritte Fühlerglied sind etwa gleichlang.
Verbreitung: Fast in ganz Europa, v.a. im Süden nicht selten.
Lebensraum: Bevorzugt in Gärten und Wiesen, an Wald- und Wegrändern, auf Doldengewächsen, Sträuchern und verschiedenen Laubbäumen.
Lebensweise: Die Imagines überwintern unter Rinde; im Juni/Juli erfolgt die Eiablage durch die Weibchen auf Blätter, und zwar hexagonal angeordnet. Larven und Imagines saugen Pflanzensäfte, werden mitunter an unreifem Getreide schädlich und saugen gelegentlich auch Kleininsekten aus. Die Sekrete ihrer Stinkdrüsen riechen widerlich und können bei manchen Menschen allergische Reaktionen hervorrufen.

3 Lederwanze

Coreus marginatus
(Wanzen)

Kennzeichen: 12–16 mm. Ihr Name bezieht sich auf das ledrig-braune Aussehen; die Seiten des Hinterleibes sind zu einem vorstehenden, flachen Saum verbreitert.
Verbreitung: In ganz Europa, im Osten bis nach Kleinasien; nicht selten.
Lebensraum: An Waldrändern, auf Lichtungen und an nassen Stellen, wo v. a. Ampferarten gedeihen.
Lebensweise: Lederwanzen sind reine Pflanzensaftsauger, die sich bevorzugt auf Ampferarten, Weidenröschen und Rainfarn aufhalten. Die Larven entwickeln sich bis zum Winter fertig, sind aber dann noch nicht geschlechtsreif, erst im nächsten Jahr, von Mai bis Juni, erreichen sie ihre Fortpflanzungsfähigkeit. Dann werden die großen, braunen Eier in Reihen an die Ampferblätter abgelegt.

1

2

3

1 Wasserläufer

Gerris lacustris
(Wanzen)

Kennzeichen: 8–10 mm. In Mitteleuropa gibt es etwa ein Dutzend recht ähnlicher Arten. Die meisten Wasserläufer weisen sehr große Unterschiede in der Ausbildung der Flügel auf. Neben vollgeflügelten Tieren, die an Land einen relativ langsamen Schwirrflug vollführen können, gibt es alle Übergänge bis hin zu fluguntüchtigen Exemplaren. Die Vorderbeine sind sehr viel kürzer als die anderen Beine, die Hinterschenkel reichen über das Ende des Hinterleibes hinaus. Die Vorderschenkel sind gelblich und mit zwei schwarzen Längsstreifen versehen.
Verbreitung: In ganz Europa fast überall häufig.
Lebensraum: Gräben, Tümpel, Teiche und Stillwasserzonen von Fließgewässern.
Lebensweise: Wasserläufer machen auf der Wasseroberfläche Jagd nach kleinen Insekten und anderen Wirbellosen. Sie bringen zwei Generationen im Jahr hervor und überwintern als Imagines an Land unter Pflanzenresten oder Baumrinde am Ufer. Oft ist die Herbstgeneration kleiner und dunkler.
Interessantes: Die weit abgespreizten Beine verteilen die Flächenbelastung so sehr, daß die Wasserläufer nicht einsinken. Außerdem sind Körper und Beine mit feinen, silbrigglänzenden, wasserabstoßenden Härchen besetzt, die von Zeit zu Zeit mit einem an der Rüsselspitze austretenden Sekret eingefettet werden. Die ruckartige Fortbewegung erfolgt durch die synchrone Bewegung der Mittelbeine, die die Tiere mit einem Schlag bis zu 1 m vorwärtstreibt.

2 Rückenschwimmer

Notonecta sp.
(Wanzen)

Kennzeichen: 13–18 mm. Wie der Name sagt, schwimmen die Tiere mit dem Rücken nach unten und bewegen sich mit den kräftigen, mit steifen Borstenhaaren besetzten Ruderbeinen stoßweise fort. An jedem Hinterbein sitzen über 3500 dieser Haare.
Verbreitung: In fast ganz Europa und Nordafrika verbreitet und nicht selten.
Lebensraum: Tümpel, Teiche Gräben und pflanzenreiche Seeufer.
Lebensweise: Die guten Schwimmer jagen ihre Beute vorwiegend unter Wasser, z. T. auch an der Wasseroberfläche. Mit ihrem Saugrüssel töten sie die Insekten mit einem Stich und saugen sie aus. Sie können auch den Menschen schmerzhaft stechen, was ihnen den Namen »Wasserbienen« eingebracht hat. Rückenschwimmer kommen regelmäßig an die Wasseroberfläche, um ihren Luftvorrat – der sich in Luftkammern auf der Bauchseite befindet – zu erneuern.
Interessantes: Die großen Komplexaugen gliedern sich in verschiedene Abschnitte, die mit dem Farbensehen, der Empfindlichkeit und dem Sehwinkel in Wechselbeziehung stehen. In einem schmalen Bereich können auch Objekte außerhalb des Wassers erkannt werden.

1

2

1 Stabwanze

Ranatra linearis
(Wanzen)

Kennzeichen: 30–35 mm. Körper extrem langgestreckt, am Ende mit einem fast körperlangen Atemrohr. Hüften und Schenkel der Vorderbeine sind zu langen, dünnen Fangbeinen umgestaltet.
Verbreitung: In ganz Europa; nicht selten.
Lebensraum: Flache, vegetationsreiche Gewässer.
Lebensweise: Durch die besondere Körperform ist die Wasserwanze zwischen den Wasserpflanzen gut getarnt; hier lauert sie auf Beute, wie kleine Wassertiere (meist Insekten und Wasserflöhe). Bei der Stabwanze sind beide Flügelpaare und die Flugmuskulatur gut ausgebildet, so daß die Tiere auch oft fliegen. Die erwachsenen Tiere können zwei Jahre alt werden. Von April bis Juli werden die Eier in Reihen von 6–15 Stück in Stengeln von Laichkraut, Froschbiß oder Schilfstücken versenkt. Die Eier tragen zwei frei ins Wasser ragende fadenförmige Atemanhänge. Die Stabwanze besitzt auch ein Zirporgan. Ein Zapfen auf der Hüfte des Vorderbeines wird gegen die geriefte Innenseite am Rande der Vorderbrust gerieben.
Interessantes: Der Beutefang wird optisch durch ein sich näherndes Beutetier von bestimmter Größe, Bewegungsform und -geschwindigkeit ausgelöst. Der dann blitzschnelle Fangschlag erfolgt meist nur mit einem Bein; das zweite Fangbein hilft mit, die Beute zum Rüssel zu führen. Vor dem Einstechen des Rüssels wird mit diesem erst die optimale Einstichstelle abgetastet; das dabei injizierte Gift ist für die Beutetiere tödlich. Auch Menschen können durchaus schmerzhaft gestochen werden.

2 Wasserskorpion

Nepa cinerea
(Wanzen)

Kennzeichen: 17–22 mm. Flache und breite Wasserwanze, mit skorpionsartigen Fangbeinen und lang ausgezogenem Atemrohr am Hinterleib.
Verbreitung: In ganz Europa.
Lebensraum: Am Boden flacher Gewässer, z. B. in Gräben oder schlammigen Tümpeln; oft zwischen Wasserpflanzen versteckt.
Lebensweise: Wasserskorpione lauern Wasserinsekten, Kaulquappen und Jungfischen auf; dabei bewegen sie sich träge und schwimmen nur unbeholfen. Sie besitzen ein Sinnesorgan, mit dessen Hilfe sie genau die jeweilige Wassertiefe feststellen können; mit dem Kopf nach unten hängend erreichen die Tiere mit dem Atemrohr gerade noch die Wasseroberfläche. Der Luftvorrat befindet sich unter den Flügeldecken. Obwohl die darunterliegenden Hinterflügel gut entwickelt sind, können nur wenige Individuen wirklich fliegen. Meist sind die Flugmuskeln stark rückgebildet. Die Eier werden im April und Mai an Stengeln und Blättern von Unterwasserpflanzen abgelegt.

1

2

1 Blutzikade

Cercopis vulnerata
(Zikaden)

Kennzeichen: 9–11 mm. Schwarz, mit roten Binden und Flecken; sehr schwierig von der zweiten Art *Cercopis sanguinolenta* zu unterscheiden. Bei dieser ist die rote Binde in der Flügelspitze gerade.
Verbreitung: Fast ganz Europa.
Lebensraum: *C. vulnerata* lebt v. a. im Gebirge, auf sauren Böden. *C. sanguinolenta* kommt mehr in Niederungen auf kalkreichen Böden vor. Beide Arten sind häufig.
Lebensweise: Die Larven dieser beiden zu den Schaumzikaden gehörenden Arten leben etwa 10–15 cm tief unter der Erde an den Wurzeln krautiger Pflanzen, eingehüllt von einem Schaumnest. Imagines und Larven saugen Pflanzensäfte.
Interessantes: Der Schaum wird durch den flüssigen Kot der Larven gebildet. Er enthält Proteine und bestimmte Substanzen, die zusammen mit eingepumpten Luftbläschen diese Schaumhülle erzeugen. Die Atmung erfolgt über einen Luftkanal an der Unterseite des Hinterleibes. Zum Atmen wird der Hinterleib angehoben und aus der Schaumhülle herausgestreckt. Die Ausatmung erfolgt dann unter dem Kot, so daß die Blasen entstehen. Die Imagines werden gelegentlich durch ihre Saugfähigkeit an Kernobst schädlich und senken dadurch den Marktwert der Früchte.

2 Wiesenschaumzikade

Philaenus spumarius
(Zikaden)

Kennzeichen: 5–6 mm. Eine bräunliche Art mit variabler Zeichnung und Färbung.
Verbreitung: In ganz Europa.
Lebensraum: Auf kräuterreichen Wiesen aller Art, auf Kräutern und Gräsern, v. a. auf Wiesenschaumkraut.
Lebensweise: Die Eier werden in Rissen und Spalten von Pflanzen abgelegt und mit einem schaumig geschlagenen Sekret aus den Anhangsdrüsen des Geschlechtsapparates bedeckt. Aus den überwinternden Eiern schlüpfen von April bis Mai die Larven, die bis zum Juli zu den Imagines heranwachsen; es entwickelt sich also nur eine Generation pro Jahr.
Interessantes: Wie für alle Schaumzikaden typisch, lebt die Larve in einem selbsterzeugten Schaumballen, im Volksmund auch »Kuckucksspeichel« genannt. Die Schaumnester dienen als Schutz gegen Austrocknung und vor Feinden; auch heftige Regenschauer können ihn nicht vollständig abspülen. Sie saugt an ihren Wirtspflanzen und kann durch Übertragung von Viren an Klee und Luzerne schädlich werden. Die Imagines saugen an Kultur- und Futterpflanzen und richten schwere Schäden an, die nicht selten zur Verkrüppelung der Pflanzen führt.

1

2

1 Zwergzikade

Cicadella viridis
(Zikaden)

Kennzeichen: 7–10 mm. Die Weibchen sind ganz grün, die Vorderflügel der Männchen dunkelblau. Der Halsschild ist vorne gelb, hinten dunkelgrün. Gelegentlich kommen stummelflügelige Weibchen vor.
Verbreitung: Auf der gesamten nördlichen Halbkugel; recht häufig.
Lebensraum: Meist auf Gräsern in Sumpfwiesen, z. T. auch an Kulturpflanzen, v. a. an Obst schädlich.
Lebensweise: Die Eier überwintern; die Larven findet man an verschiedenen Wasserpflanzen (Binsen und Simse). Jährlich entwickelt sich eine Generation.

2 Blattlaus

Aphis sp.
(Pflanzenläuse)

Kennzeichen: Bis 7 mm. Es treten bei der gleichen Art meist auch geflügelte und ungeflügelte Formen auf. Die meisten Blattläuse besitzen am Hinterleib zwei verschließbare Spalten, die oft an der Spitze in röhrenförmige Gebilde, die sog. *Siphonen* münden.
Verbreitung: In ganz Europa. In Mitteleuropa kommen über 850 Arten vor.
Lebensraum: Kultur- und Wildpflanzen.
Lebensweise: Blattläuse sitzen meist in großer Anzahl an ihren Wirtspflanzen, die sie mit ihren stechend-saugenden Mundwerkzeugen ansaugen. Im Frühjahr schlüpft auf der Hauptwirtspflanze aus einem besamten Ei (Winterei) die Stammutter, die sich meist durch Jungfernzeugung (*Parthenogenese*), d. h. Entwicklung einer unbefruchteten Eizelle, fortpflanzt. Die so erzeugten Jungfern können geflügelt oder ungeflügelt sein; geflügelte Nachkommen wechseln zum Nebenwirt und pflanzen sich wiederum durch Parthenogenese fort. Geflügelte Weibchen fliegen dann zum Hauptwirt zurück, bringen paarungsbereite, ungeflügelte Weibchen hervor, welche von den ebenfalls eingetroffenen Männchen begattet werden. Mit der Eiablage ist der Zyklus geschlossen.
Interessantes: Über die Siphonen wird Körperflüssigkeit ausgeschieden, die schnell klebrig erhärtet und einem Angreifer Mundwerkzeuge sowie Sinnesorgane verschmiert. Sexuallockstoffe warnen zusätzlich die Artgenossen.

Siphonen können bei geflügelten und ungeflügelten Blattläusen vorkommen.

1

2

1 Schlammfliege
Sialis sp.
(Schlammfliegen)

Kennzeichen: 10–20 mm. Die düsteren Flügel überragen den Körper und werden in Ruhestellung dachförmig über dem Hinterleib gehalten.
Verbreitung: Ganz Europa; in Mitteleuropa sind drei ähnliche Arten heimisch.
Lebensraum: An stehenden, nährstoffreichen oder fließenden, sauerstoffreichen Gewässern.
Lebensweise: Schlammfliegen fliegen ungern, meist klettern sie in der Ufervegetation umher, wo sie an leicht zugänglichem Nektar lecken. Die Eiablage erfolgt in ordentlichen Reihen an über dem Wasser befindlichen Pflanzenstengeln. Die schlüpfenden Junglarven lassen sich ins Wasser fallen und leben räuberisch im Schlammgrund, wo sie sich von Insektenlarven, Würmern und kleinen Muscheln ernähren.

2 Kamelhalsfliege
Raphidia notata
(Netzflügler)

Kennzeichen: Spannweite 25 bis 30 mm. Der Kopf und der stark verlängerte Hals werden schräg nach oben gehalten (»Kamelhals«). Die vier durchsichtigen, netzartig geäderten Flügel liegen in Ruhestellung dachförmig über dem Hinterleib.
Verbreitung: Fast ganz Europa.
Lebensraum: In Laubmischwäldern, alten Nadelwäldern und an schattigen Lichtungen.
Lebensweise: Die Partnersuche findet im Sommer statt. Die Weibchen äußern ihre Paarungsbereitschaft durch leicht abgespreizte Flügel und den etwas angehobenen Hinterleib. Das Männchen schiebt sich unter das Weibchen (mit dem Rücken nach unten) und hängt dann an diesem mit dem verankerten Geschlechtsapparat.
Interessantes: Larven und Imagines ernähren sich räuberisch von verschiedenen Waldinsekten, u. a. von Forstschädlingen, so daß sie für die Forstwirtschaft sehr nützlich sind.

3 Florfliege
Chrysopa sp.
(Netzflügler)

Kennzeichen: Spannweite bis 35 mm. Grün oder gelblich gefärbt, mit goldenen Augen (im Volksmund oft »Goldauge« genannt). Flügel reich geädert.
Verbreitung: In ganz Europa. In Mitteleuropa kommen mehrere sehr ähnliche Arten vor.
Lebensraum: Gärten, Parks, Wäldern und Siedlungen.
Lebensweise: Florfliegen sind nützliche Insekten, da Larven und Imagines fast ausschließlich Blattläuse fressen. Die tagsüber im Blattwerk versteckt sitzenden Imagines fliegen abends gerne ans Licht.
Interessantes: Manche Arten können sich über Ultraschall verständigen, was beim Paarungsverhalten eine Rolle spielt. Die Laute werden durch Vibrationen und Zuckungen des Hinterleibes erzeugt, indem Borstenfelder an der Basis der Vorderflügel gegen ein Borstenfeld an der Hinterbrust reiben.

1

2

3

1 Schmetterlingshaft

Ascalaphus libelluloides
(Netzflügler)

Kennzeichen: Spannweite bis 53 mm. Mit seinen langen, am Ende keulenförmig verdickten Fühlern und der gelb-schwarzen Färbung erinnert er an einen Schmetterling; er besitzt jedoch keine Schuppen, und die Flügel sind fein netzartig geädert.
Verbreitung: V. a. im Süden Europas regelmäßig.
Lebensraum: Eine wärmeliebende Art, die Lichtungen und sonnige Hänge bevorzugt.
Lebensweise: Zur Begattung packt das Männchen mit seinen kräftigen Zangen am Körperende im Flug das Hinterleibsende des Weibchens; beide setzen sich mit abgewandten Köpfen an Pflanzenstengeln ab. Die Eier werden in einer Doppelreihe an dünne Stengel geklebt. Die einem Ameisenlöwen ähnliche Larve überwintert zweimal und verpuppt sich im Frühsommer.
Interessantes: Die großen Komplexaugen sind durch eine Furche in zwei Abschnitte geteilt; der obere ist besonders für kurzwelliges Licht (wichtig für den Beutefang), der untere für langwelliges Licht empfindlich.

2/3 Ameisenjungfer

Myrmeleon formicarius
(Netzflügler)

Kennzeichen: Spannweite 60 bis 80 mm. Mit ihren gleichartig großen, häutigen Flügeln erinnert sie an eine Kleinlibelle; die Fühler sind allerdings sehr viel länger.
Verbreitung: In großen Teilen Europas, im Norden bis Südskandinavien; nicht häufig.
Lebensraum: Bevorzugt auf sandigen Flächen (Heiden, Steppen, Waldränder), in Wärmegebieten.
Lebensweise: Die Imagines sind dämmerungs- und nachtaktiv und ernähren sich räuberisch von Kleininsekten (v. a. Blattläuse). Die als Ameisenlöwen bezeichneten Larven bauen im Sand kleine Trichter, an deren Grund sie eingegraben auf Beute warten. Dies sind meist Ameisen, aber auch andere kleine Insekten, die an der Trichterwand hinunterrutschen und unten direkt in den großen Saugzangen der Ameisenlöwen landen. Diese injizieren in die Beute ein lähmendes Gift, anschließend ein Verdauungssekret; der verflüssigte Inhalt der Beute wird aufgesaugt. Versucht ein Beutetier zu entkommen, schleudert der Ameisenlöwe Sand hoch und bewirkt so ein erneutes Hinabrutschen.

Ein Ameisenlöwe lauert in seinem Sandtrichter auf Beute.

1

2

3

1 Feld-Sandlaufkäfer

Cicindela campestris
(Sandlaufkäfer)

Kennzeichen: 10–15 mm. Großer Kopf mit großen Augen; lange, spitze Oberkiefer. Meist leuchtend grün.
Verbreitung: In ganz Europa, Nordafrika, Asien und Sibirien.
Lebensraum: Auf Wald- und Wiesenwegen, sandigen und steinigen Böden.
Lebensweise: Der Feld-Sandlaufkäfer ist eine tagaktive Art, die besonders bei Sonnenschein Jagd auf andere Insekten und Spinnen macht. Die Larven leben in senkrecht angelegten Wohnröhren, an deren Öffnung sie mit abgewinkeltem Kopf und Halsschild auf Beute lauern. Um freie Sicht zu haben, werden kleine Steinchen oder andere Gegenstände aus dem Umkreis der Wohnröhre durch Wegschleudern mit dem Kopf entfernt. Nähert sich ein Insekt, schnellt die Larve vor, packt die Beute, zieht sie in die Röhre hinunter und saugt sie aus. Nahrungsreste und Kot werden entfernt.

2 Wald-Sandlaufkäfer

Cicindela sylvatica
(Sandlaufkäfer)

Kennzeichen: 14–20 mm. Die Oberlippe ist schwarz und längsgekielt; die ersten vier Fühlerglieder sind leuchtend, metallisch, alle anderen matt. Nahe der Flügelnaht und an der Spitze sitzen auffallende, dunkle, flache Punktgruben.
Verbreitung: Mittel- und Nordeuropa sowie isolierte Vorkommen in Südengland, den Pyrenäen und Spanien, auch in der Mongolei und in Sibirien; nicht häufig, nur stellenweise.
Lebensraum: Sandliebend, in lichten Kiefernwäldern, auf trockenen und warmen Magerrasen und Ödland.
Lebensweise: Die Art tritt von April bis August auf. Fliegt bei Flucht auch auf Gebüsch und Bäume. Die Käfer stellen mit den kräftigen Zangen (*Mandibeln*) auch größeren Insekten, z. B. großen Ameisen nach.

3 Körniger Schaufelläufer

Cychrus caraboides
(Laufkäfer)

Kennzeichen: 12–20 mm. Von den ähnlichen *Carabus*-Arten durch den stark verlängerten Kopf und den schlanken Halsschild zu unterscheiden.
Verbreitung: In Nord- und Mitteleuropa.
Lebensraum: Überall in feuchten Wäldern, von der Ebene bis in 2000 m im Hochgebirge.
Lebensweise: Die meist nachtaktiven räuberischen Käfer halten sich tagsüber unter Steinen, Moos oder Rinde versteckt. Sie haben sich auf das Fressen von Gehäuseschnekken spezialisiert, in deren Gehäuse sie mit ihrem stark verschmälerten Vorderkörper tief eindringen können.
Interessantes: Die Atemlöcher (*Stigmen*) liegen am Hinterleib unter den Seitenrändern der Flügeldecken und sind so vor Verschmutzung durch Schneckenschleim geschützt.

1

2

3

1 Großer Puppenräuber

Calosoma sycophanta
(Laufkäfer)

Kennzeichen: 17–28 mm. Großer und breit gebauter Laufkäfer, mit sehr breitem Halsschild. Die Flügeldecken sind blaugrün, metallisch glänzend, manchmal rötlich.
Verbreitung: Im westlichen Mitteleuropa sehr selten, im Osten und Süden häufiger.
Lebensraum: In Laub- und Nadelwäldern, fast ausschließlich auf Bäumen.
Lebensweise: Die Hauptnahrung der tagaktiven Puppenräuber (und deren Larven) besteht aus Raupen und Puppen verschiedener Schmetterlinge und Blattwespen. Der Große Puppenräuber vertilgt pro Jahr etwa 400 davon. Da darunter viele Waldschädlinge wie beispielsweise Eichenprozessionsspinner, Schwammspinner und Nonne sind, ist diese Art ausgesprochen nützlich. Die Käfer leben zwei bis drei, ausnahmsweise sogar vier Jahre und wurden zur natürlichen Schädlingsbekämpfung auch nach Amerika exportiert, wo sie in kurzer Zeit die dort aufgetretenen Schädlinge beseitigten.

2 Körniger Laufkäfer

Carabus granulatus
(Laufkäfer)

Kennzeichen: 17–23 mm. Typische Laufkäfergestalt mit langen Beinen und langen, fadenförmigen Fühlern. Farblich recht variabel, von bronzefarben (auch rotkupfrig) über grünlich bis schwarz glänzend. Flügeldecken mit Kettenstreifen.
Verbreitung: Von den Pyrenäen bis nach Ostsibirien und Japan.
Lebensraum: In der Kulturlandschaft, auf Feldern, Wiesen und in Wäldern; von der Ebene bis in die alpine Zone. Einer der häufigsten einheimischen Großlaufkäfer.
Lebensweise: Die Käfer überwintern und pflanzen sich im folgenden Jahr fort. Nach der Begattung legt das Weibchen etwa 40 Eier in eine flache Erdhöhle. Die Aktivitätsperiode dauert von April bis September. Wie alle Großlaufkäfer ernährt sich auch der Körnige Laufkäfer räuberisch und wird besonders durch das Vertilgen von Kartoffelkäfern geschätzt. Neben Tieren mit verkümmerten Hautflügeln (Gebirgsformen) treten oft auch flugfähige Individuen mit vollständig entwickelten Hinterflügeln auf.

Bei den meisten Arten der Laufkäfer-Gattung *(Carabus)* leben die Larven unterirdisch.

1

2

1 Goldleiste

Carabus violaceus
(Laufkäfer)

Kennzeichen: 22–35 mm. Ein imposanter, schwarzer Käfer mit metallisch glänzenden, violett, blau oder blaugrün schimmernden Seitenrändern am Halsschild und an den Flügeldecken. Die länglich ovalen Flügeldecken sind entweder fein gekörnt oder gleichförmig fein gerippt.
Verbreitung: Von den Pyrenäen bis Ost- und Südosteuropa, im Norden bis über den Polarkreis.
Lebensraum: Vom Flachland bis ins Gebirge; oft in Wäldern, aber auch im offenen Gelände sowie in Auwiesen. Meidet allerdings trockene Standorte.
Lebensweise: Die Goldleiste ist ein dämmerungsaktiver Räuber, der sich von Juni bis August von verschiedenen Insekten und deren Larven, aber auch von Schnecken, frischem Aas und Pilzen ernährt. Die Überwinterung erfolgt sowohl im Larvenstadium als auch als Imago.

2 Hainlaufkäfer

Carabus nemoralis
(Laufkäfer)

Kennzeichen: 18–28 mm. Relativ gedrungen und kurz gebaut; bronzefarben bis schwarzgrün glänzend. Die Ränder von Halsschild und Flügeldecken sind violett oder blau gesäumt. Die Flügeldecken haben nur schwach ausgebildete Streifen mit zwei bis drei deutlich erkennbaren Punktreihen.
Verbreitung: In Nord- und Mitteleuropa, von der Ebene bis in ca. 2000 m Höhe.
Lebensraum: V. a. in Wäldern, aber auch in Gärten, Feldern, Hecken und sogar an Trockenhängen.
Lebensweise: Die tag- und nachtaktiven Käfer sind im Frühjahr und Herbst aktiv; im Sommer legen sie eine Ruhepause ein. Sie ernähren sich von verschiedenen Insekten, Schnecken und Würmern und sind somit nützliche Schädlingsvertilger. Gelegentlich findet man sie auch an reifem Fallobst.

3 Schluchtwald-Laufkäfer

Carabus irregularis
(Laufkäfer)

Kennzeichen: 19–30 mm. Der Käfer ist sehr flach, mit relativ großem Kopf und asymmetrischen Kiefern (*Mandibeln*). Er ist meist kupfrig metallisch gefärbt; auffallend sind die unregelmäßig angeordneten, rotgoldenen oder grünlichen Gruben der Flügeldecken. Die Flügelränder schimmern grün oder rotviolett.
Verbreitung: In Mittel- und Osteuropa, in mittleren und höheren Gebirgslagen.
Lebensraum: Ein feuchtigkeitsliebender Waldbewohner, besonders an Nordhängen krautreicher Buchenwälder.
Lebensweise: Tagsüber halten sich die nachtaktiven Käfer unter liegenden Baumstämmen oder in morschen Stubben auf, in denen sie auch gemeinschaftlich überwintern. Sie ernähren sich v. a. von Schnecken.

1

2

3

1 Schwarzer Grabkäfer

Pterostichus niger
(Laufkäfer)

Kennzeichen: 15–21 mm. Mittelgroßer Laufkäfer mit leicht herzförmigem Halsschild; die Fühler sind ab dem fünften Glied bräunlich aufgehellt. Nur sehr schwer von ähnlichen Arten zu unterscheiden.
Verbreitung: In fast ganz Europa.
Lebensraum: Im Freiland auf Feldern, Ufern, feuchten Wiesen, Gärten und Laubwäldern überall häufig.
Lebensweise: Der Schwarze Grabkäfer lebt versteckt unter Steinen, Rinde, Moos oder in Stubben. Käfer und Larve sind ausgesprochene Räuber, die verschiedene Wirbellose erbeuten. Die Tiere jagen sowohl über als auch unter der Erde. Die im Herbst schlüpfenden Käfer überwintern.

2 Sechspunktiger Putzkäfer

Agonum sexpunctatum
(Laufkäfer)

Kennzeichen: 7–9,5 mm. Die Flügeldecken glänzen leuchtend rotgolden; der Halsschild ist stark quer, seine Seitenränder sind gleichmäßig und stark konvex gebogen.
Verbreitung: In ganz Europa, im Osten über den Kaukasus bis Sibirien.
Lebensraum: In Mitteleuropa bevorzugt feuchte, aber sonnige Stellen; häufig auch in Feldern, Wiesen, Wäldern, auf Ruderalflächen, Heiden, in Steinbrüchen und auch in Mooren. Auch bis hoch ins Gebirge.
Lebensweise: Der überwinternde Käfer pflanzt sich im Frühjahr fort. Die Art gehört also zu den sogenannten *Imagoüberwinterern.* Nach der Fortpflanzung und Eiablage im Frühjahr entwickeln sich die Larven während des Sommers. Die Verpuppung findet im Herbst statt, und die neue Generation der erwachsenen Käfer überwintert. Bei den *Larvalüberwinterern* liegt die Aktivitätszeit der Käfer im Sommer und Frühherbst; die Larven überwintern und erscheinen zeitig im Frühjahr.

3 Großer Breitkäfer

Abax parallelepipedus
(Laufkäfer)

Kennzeichen: 16–21 mm. Robuster, breiter Körper, ohne Porenpunkte in den fein gefurchten Flügeldecken. Im Halsschild zwei lange, gerade Basaleindrücke.
Verbreitung: In ganz Mitteleuropa mit Ausnahme des Nordens häufig.
Lebensraum: In Bergwäldern, v. a. Buchenwälder der Alpen; gerne auf lehmigen und kalkhaltigen Böden.
Lebensweise: Die nachtaktiven, räuberischen Käfer verstecken sich tagsüber unter Baumstubben, liegenden Hölzern oder Moos. Das Weibchen umhüllt jedes Ei mit einer Erdschicht (Brutfürsorge).
Interessantes: Bei den Laufkäfern zerbeißen die *Abax*-Arten ihre Beute und verschlingen sie, im Unterschied zu den *Carabus*-Arten, die auf ihre Beutetiere zuerst Verdauungssaft geben und anschließend den verflüssigten Brei aufnehmen.

1

2

3

1 Buntgrabläufer

Poecilus versicolor
(Laufkäfer)

Kennzeichen: 8–11,5 mm. Die schwarzen Flügeldecken haben einem grünlichen, rötlich-kupfrigen, bläulichen oder violetten Metallglanz; die Beine sind schwarz. Die Innenseite der Hinterschiene mit fünf bis sieben (selten acht) kräftigen, kurzen, dunklen Borsten. Die Schwesterart *P. cupreus* hat dort acht bis zehn helle, lange, feine, haarartige Borsten.
Verbreitung: In ganz Europa häufig, allerdings ohne den hohen Norden.
Lebensraum: Eine Art, die in verschiedenartigen Lebensräumen vorkommt, aber besonnte Flächen bevorzugt.
Lebensweise: Der Buntgrabläufer ist eine tagaktive Art, die als Käfer überwintert und sich im Frühjahr fortpflanzt.

2 Gelbrandkäfer

Dytiscus marginalis
(Schwimmkäfer)

Kennzeichen: 27–35 mm. Alle Arten dieser Gattung sind durch einen deutlichen Geschlechtsdimorphismus (Zweigestaltigkeit) gekennzeichnet. Die Flügeldecken der Männchen sind glatt, ihre Vorderbeine tragen runde Saugnäpfe; den Weibchen fehlen diese Saugnäpfe, ihre Flügeldecken sind meist tief gefurcht.
Verbreitung: In fast ganz Europa, nicht selten.
Lebensraum: In stehenden Gewässern mit Wasserpflanzen.
Lebensweise: Käfer und Larven ernähren sich räuberisch von Kaulquappen, Insektenlarven und Jungfischen. Beim Tauchen nimmt der Gelbrandkäfer unter den Flügeldecken einen Luftvorrat mit sich, der aufgrund der Verringerung des Sauerstoffgehaltes in der Stunde 4- bis 7mal erneuert werden muß. Während der Paarungszeit sitzt das Männchen oft zwei bis drei Tage auf dem Weibchen; dabei wird der Halsschild fest umklammert und die Saugnäpfe an die Seiten der Mittelbrust gepreßt. Die Eiablage in Pflanzengewebe findet im Frühjahr statt, die 7 mm langen Eier werden einzeln mit dem Legebohrer in Stengel oder Blätter unter Wasser eingestochen.
Interessantes: Als gute Flieger (mittlere Fluggeschwindigkeit drei Meter pro Sekunde) suchen die Käfer nachts oft neue Wohngewässer. Dabei landen sie manchmal versehentlich auf spiegelnden Flächen (Glasdächer, nasse Straßen).

Die Beine der Gelbrandkäferlarve sind stark mit Haaren besetzt.

1

2

1 Viergefleckter Stutzkäfer

Hister quadrimaculatus
(Stutzkäfer)

Kennzeichen: 7–11 mm. Gedrungener Käfer mit vier roten Flecken auf den Flügeldecken, die meist außen miteinander verbunden sind. Die Flecken können in seltenen Fällen auch fehlen oder sind stark verdunkelt.
Verbreitung: In Mittel- und Südeuropa; nicht selten.
Lebensraum: Hauptsächlich in Pferde- und Kuhmist, aber auch unter faulenden Pflanzenstoffen oder in Pilzen.
Lebensweise: Sowohl die Käfer als auch die Larven leben räuberisch, meist von Insektenlarven, die sie in den Dunghaufen aufspüren; fressen aber auch Aas.
Interessantes: Bei Gefahr stellen sich die Käfer tot, indem sie den Kopf in einen Ausschnitt der Vorderbrust zurückziehen und die Beine dicht an den Körper pressen. Sie können zwei bis drei Jahre alt werden und sich mehrere Male fortpflanzen.

2 Gemeiner Totengräber

Necrophorus vespillo
(Aaskäfer)

Kennzeichen: 12–22 mm. Flügeldecken gelbrot-schwarz gebändert. Die drei Endglieder der Fühlerkeule gelbrot, die Hinterschienen deutlich nach innen gebogen, der Halsschild vorne lang gelb behaart.
Verbreitung: In Mitteleuropa die häufigste Art der Gattung.
Lebensraum: In Gärten und Parks.
Lebensweise: Die Totengräber betreiben eine sehr hoch entwickelte Brutpflege. Das Aas wird über den Geruchssinn gefunden und durch Unterwühlen sowie Hineinpressen in einem schräg in die Erde führenden Gang vergraben. Die Eiablage erfolgt in einem weiteren, nahegelegenen Gang. Die Junglarven werden vom Weibchen durch Zirpen zum Aas gelockt und gefüttert.

3 Schwarzer Schneckenjäger

Phosphuga atrata
(Aaskäfer)

Kennzeichen: 10–15 mm. Die einzige Art dieser Gattung fällt besonders durch den langen, schnauzenförmigen Kopf auf. Die Glieder der perlschnurartigen Fühler sind stark gegeneinander abgesetzt. Der ganze Käfer ist glänzend.
Verbreitung: In ganz Europa und Asien; bei uns überall häufig.
Lebensraum: In Wäldern, an Waldrändern, in Flußauen, Gärten, Wiesen und Feldrainen.
Lebensweise: Käfer und Larve sind Schneckenjäger; durch ihre abgeflachte Körperform sind sie in der Lage, ihrer Beute auch in enge Spalten zu folgen. Mit dem schnauzenförmigen Kopf verfolgen sie die Beute selbst bis in ihr Gehäuse hinein. Die Schnecke wird durch einen Giftbiß getötet. Der dabei austretende Schleim scheint den Käfer nicht zu stören. Nach Auflösen der Weichteile durch das Giftsekret wird die Schnecke gefressen.

1

2

3

1 Kurzflügelkäfer

Platydracus fulvipes
(Kurzflügler)

Kennzeichen: 14–17 mm. Schwarz gefärbt; Kopf, Halsschild und Flügeldecken mit deutlichem, grünblauem bis blauem Schimmer. Kopf trapezförmig, mit nach hinten mehr oder weniger stark erweiterten Schläfen. Fühlerbasis und Beine hellrot. Fünftes und sechstes Segment des Hinterleibs oberseits an der Basis mit goldgelber Haarbinde.
Verbreitung: Von Europa bis nach Sibirien, in Deutschland v. a. in gebirgigen Gegenden, allerdings nicht häufig.
Lebensraum: In Waldgebieten auf feuchten Böden.
Lebensweise: Der räuberische Kurzflügelkäfer hält sich oft in der Nähe von Gewässern (Fluß- und Seeufer, Sümpfe, Gräben) unter Steinen, Laub und Moos auf.
Interessantes: Man erkennt die Art meist leicht an den stark verkürzten Flügeldekken, die den größeren Teil des Hinterleibs freilassen. Bei den flugfähigen Arten sind die Hinterflügel kompliziert unter den Deckflügeln zusammengefaltet. Fast alle Arten besitzen am Hinterleib Wehrdrüsen.

2 Hirschkäfer

Lucanus cervus
(Hirschkäfer)

Kennzeichen: 25–75 mm. Die größte einheimische Käferart. Die Männchen (Bild 2) sind größer als die Weibchen (Bild 3) und haben große, geweihartig verlängerte Oberkiefer; Weibchen mit normalen Oberkiefern.
Verbreitung: In ganz Europa.
Lebensraum: Früher in Laubwäldern, besonders Eichenwäldern, häufig, heute durch Fehlen urwüchsiger Baumbestände selten geworden.
Lebensweise: Die Käfer lekken gerne den Saft wunder Baumstämme auf. Ihre Larven leben in abgestorbenem Holz von Wurzelstöcken und morschen Stümpfen von Eichen, Buchen, Weiden, Schwarzpappeln und anderen Bäumen und benötigen für ihre Entwicklung mindestens fünf Jahre.
Interessantes: Die Weibchen locken die Männchen vermutlich über im Kot enthaltene Duftstoffe an. Oft landen zwei oder gar mehr Männchen bei einem Weibchen, was dann zu Rivalenkämpfen der Männchen führt. Sie gehen aufeinander los, versuchen sich mit den großen Oberkieferzangen (*Mandibeln*) zu packen und wegzuhebeln. Ziel ist es, den oder die Gegner vom Baumstamm zu stoßen.
Der Hirschkäfer ist ein gutes Beispiel für die Unwirksamkeit von Artenschutzbestimmungen bei Insekten. Obwohl er schon sehr lange auf den Artenschutzlisten vieler Länder Europas steht, hat sich dies nicht positiv auf die Bestandsentwicklung ausgewirkt. Solange in der Bewirtschaftung der Wälder kein Umdenken erfolgt (Stehen- und Liegenlassen anbrüchiger Stämme und Stümpfe), hat der Hirschkäfer keine Überlebenschance.

1

2

3

1 Mondhornkäfer

Copris lunaris
(Blatthornkäfer)

Kennzeichen: 16–24 mm. Den schwarz glänzenden Käfer mit den gestreiften Flügeldecken erkennt man am besten im männlichen Geschlecht, das auf dem Kopfschild ein langes Horn trägt; beim Weibchen ist das Horn nur kurz und an der Spitze ausgerandet.
Verbreitung: Ganz Europa, im Norden allerdings seltener.
Lebensraum: Viehweiden mit frischem Rindermist, weniger in Pferdekot.
Lebensweise: Mondhornkäfer betreiben Brutpflege; das Pärchen gräbt im Frühjahr unter Kuhmist eine bis zu 20 cm tief liegende Höhle von etwa 15 cm Länge und 6 cm Höhe. Dort wird Dung eingebracht, der zur Gärung und Reifung zunächst liegenbleibt. Erst gegen Ende Juli wird der Dung zu sieben bis acht Brutbirnen verarbeitet; in jede wird ein Ei abgelegt. Das Weibchen bewacht und pflegt die Brutbirnen etwa vier Monate lang (Verhinderung von Verpilzung), bis die Jungkäfer schlüpfen. Als Larven haben sie zuvor die Brutkugel von innen her ausgefressen, ohne die Wand dabei zu durchbrechen. Beschädigungen werden mit den eigenen Exkrementen verstopft. Ist die Dungkugel ausgehöhlt, erfolgt darin die Verpuppung.

2 Gelbgrüner Purzelkäfer

Hoplia farinosa
(Blatthornkäfer)

Kennzeichen: 9–11 mm. Die Oberseite ist gelb, grünlich oder bräunlich beschuppt; die Schuppen der Flügeldecken sind breit, rundlich und dicht übereinandergelagert. Klauen an den Hinterbeinen sind nicht gespalten.
Verbreitung: In Südosteuropa und im südlichen Mitteleuropa. Die sehr ähnliche Art *H. parvula* kommt stellenweise im Küstengebiet der Ostsee vor. In der Schweiz und im westlichen Mitteleuropa fliegt die azurblaue Art *H. coerulea.*
Lebensraum: In Gebirgsgegenden und im Bergvorland, besonders auf Wiesen, an Waldrändern, in Parkanlagen, auf blühenden Kräutern und Sträuchern.
Lebensweise: Die Flugzeit beginnt im Mai und dauert bis Juli. Die Paarung findet in der Dämmerung statt, wobei sich Männchen und Weibchen mittels des Geruchssinns finden.

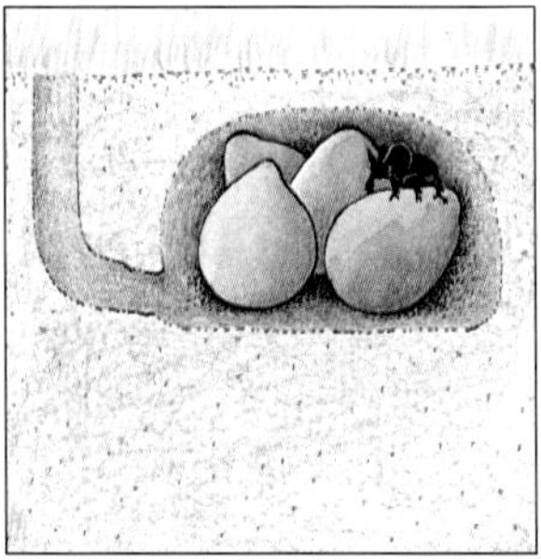

Das Weibchen des Mondhornkäfers bewacht die in der Höhle angelegten Brutbirnen.

1

2

1 Junikäfer

Amphimallon solstitiale
(Blatthornkäfer)

Kennzeichen: 14–18 mm. Maikäferähnlich, aber kleiner; der Fächer der neungliedrigen Fühler besteht aus nur drei Gliedern. Die Flügeldeckenränder sind behaart.
Verbreitung: In ganz Europa und Asien.
Lebensraum: In Parkanlagen, Gärten und baumbestandenem Gelände.
Lebensweise: Junikäfer schwärmen nur an sehr wenigen warmen Frühsommerabenden und werden daher auch als »Sonnwendkäfer« bezeichnet. Ihre engerlingsartigen Larven ernähren sich von Wurzeln verschiedener Feld- und Wiesenpflanzen und bevorzugen lockeren Boden. Die Entwicklungsdauer beträgt zwei bis drei Jahre, d.h. die Larven überwintern zweimal. Im Frühjahr verpuppen sie sich im Boden, die Käfer schlüpfen im Juni und Juli; sie fressen Blätter verschiedener Laubbäume und Büsche.

2 Maikäfer

Melolontha melolontha
(Blatthornkäfer)

Kennzeichen: 20–30 mm. Der wohl bekannteste Käfer, mit schwarzem Kopf und Halsschild, die Flügeldecken meist rotbraun. Der Fühlerfächer besteht beim Männchen aus sieben, beim Weibchen aus sechs Lamellen.
Verbreitung: Mitteleuropa; südliches Nord- und nördliches Südeuropa.
Lebensraum: Gärten, Wiesen und Kulturland (oft auch in Obstplantagen).
Lebensweise: Nach der Überwinterung schwärmen die Käfer in der Abenddämmerung am Rand von Laubwäldern aus. Nach kurzem Fraß an den Trieben paaren sie sich. Zur Eiablage gräbt sich das Weibchen etwa 40 cm tief in lockeren Boden ein und legt Eihaufen von 10–30 Eiern ab. Die nach vier bis sechs Wochen schlüpfenden Engerlinge fressen Wurzeln und verpuppen sich meist erst im vierten Freßsommer.
Interessantes: Durch massive Bekämpfung war die Bestandsentwicklung des Maikäfers stark rückläufig. In den letzten Jahren ist wieder lokal eine Zunahme zu verzeichnen.

3 Gartenlaubkäfer

Phyllopertha horticola
(Blatthornkäfer)

Kennzeichen: 8,5–11 mm. Kopf, Halsschild, Hinterleib und Beine glänzend metallisch dunkelgrün; Flügeldecken braun; Körper lang, abstehend behaart.
Verbreitung: In fast ganz Europa.
Lebensraum: In offenem Gelände, Hecken, Obstgärten und an Waldrändern überall häufig.
Lebensweise: Die Männchen schwärmen dicht über dem Boden und finden die auskriechenden Weibchen. Diese werden begattet und legen sofort im Boden ihre Eier ab. Die Engerlinge fressen an Wurzeln von Gräsern und krautigen Pflanzen, verursachen aber keine Schäden. Ihre Entwicklung dauert im Durchschnitt zwei Jahre.

1

2

3

1 Nashornkäfer

Oryctes nasicornis
(Blatthornkäfer)

Kennzeichen: 20–40 mm. Halsschild und Horn dunkel, Flügeldecken braun. Kopfhorn bei den Männchen gut ausgebildet, beim Weibchen viel kleiner; Halsschild hinten grubig vertieft.
Verbreitung: Fast ganz Europa.
Lebensraum: Eine wärmeliebende Waldart, die sich in Mitteleuropa auch an Stellen angepaßt hat, an denen verrottende Holzabfälle (Sägemehl), Stroh und Kompost gelagert werden.
Lebensweise: Die engerlingsähnlichen Larven lebten ursprünglich wohl in faulendem Holz, heute haben sie sich hauptsächlich auf Komposthaufen umgestellt.
Interessantes: Die in Komposthaufen herrschende etwas erhöhte Temperatur wirkt sich auf die Entwicklung der Larven günstig aus. Trotzdem kann sie bis zur Verpuppung fast fünf Jahre dauern. Im Darm der Larve sorgt eine reiche Bakterienflora für den Abbau von Zellulose.

2 Trauer-Rosenkäfer

Oxythyrea funesta
(Blatthornkäfer)

Kennzeichen: 8–12 mm. Die Oberseite dieses weiß gefleckten, schwarz glänzenden Rosenkäfers ist fein lang behaart; der Halsschild in der Mitte ohne Kiel. Das Männchen am Bauch mit einer Längsrinne.
Verbreitung: Schwerpunktmäßig weit um das Mittelmeer und Schwarze Meer; im südlichen Mitteleuropa sporadisch in Wärmegebieten; in Südeuropa ausgesprochen häufig.
Lebensraum: Auf Steppenheiden und Kalkböden, besonders auf Blüten von Korb- und Doldenblütlern.
Lebensweise: Die Käfer fressen die Staubgefäße der Blüten, die Larven gehen auch an die Wurzeln lebender Pflanzen.

3 Gemeiner Rosenkäfer

Cetonia aurata
(Blatthornkäfer)

Kennzeichen: 14–20 mm. Grün oder golden metallisch glänzend gefärbt; auch die weiße Zeichnung der Flügeldecken kann variieren.
Verbreitung: In ganz Europa.
Lebensraum: In Parks und Gärten, in buschreicher Landschaft.
Lebensweise: Die Käfer fliegen von April bis September, v. a. in den warmen Mittagsstunden. Sie sitzen gerne auf Blüten, allerdings nicht nur auf Rosen.
Interessantes: Rosenkäfer sind gute Flieger, die auch überraschend schnell starten können. Sie spreizen ihre Flügeldecken nicht wie andere Käfer ab, sondern halten sie beim Flug geschlossen. Dies ist möglich, weil die Flügeldecken am Rand seitlich ausgeschnitten sind, so daß die Hinterflügel problemlos ausgefaltet und bewegt werden können. Die Käfer ernähren sich von Pollen und Nektar und werden bisweilen durch Fraß an Staubgefäßen von Rosen schädlich.

1

2

3

1 Pinselkäfer

Trichius fasciatus
(Blatthornkäfer)

Kennzeichen: 9–12 mm. Die auffällige schwarz-gelbe Zeichnung ist sehr variabel, so daß von sehr gelben bis zu fast ganz schwarzen Exemplaren alle Übergänge vorkommen. Zwei weitere in Mitteleuropa vorkommende Arten der Gattung lassen sich am besten anhand einer Einkerbung an der Außenkante der Mittelschiene unterscheiden.
Verbreitung: In der ganzen Nordhemisphäre, bei uns v. a. in gebirgigen Gegenden und in deren Vorland nicht selten.
Lebensraum: Auf Waldwiesen, Trockenhängen, an Waldrändern, auf blühenden Kräutern und Sträuchern.
Lebensweise: Die Käfer fliegen tagsüber bei Sonnenschein und besuchen gerne Distel- und Doldenblüten, wo sie Blütenpollen verzehren. Die Larven entwickeln sich in moderndem Holz verschiedener Laubbäume und brauchen zwei Jahre bis zur Verpuppung.

2 Großer Kiefernprachtkäfer

Chalcophora mariana
(Prachtkäfer)

Kennzeichen: 24–33 mm. Die größte einheimische Prachtkäfer-Art mit einem tief gefurchten Kopf; das letzte Hinterleibssegment ist beim Männchen ausgerandet, beim Weibchen gerundet.
Verbreitung: Fast in ganz Europa, im Norden bis Südskandinavien; im Osten und Süden nicht selten.
Lebensraum: In Kiefern- und Fichtenwäldern.
Lebensweise: Die Larven leben in krankem oder geschlagenem Holz und in Stubben; sie bohren tief im Holzkörper und werden ausgewachsen fast 8 cm lang. Die Käfer sitzen gerne in der Sonne auf gefällten Stämmen und Stümpfen.

3 Vierpunkt-Kiefernprachtkäfer

Anthaxia quadripunctata
(Prachtkäfer)

Kennzeichen: 4,5–8 mm. Der Halsschild ist doppelt so breit wie lang und besitzt vier tiefe rundliche Gruben. Die Flügeldecken sind stark gekörnt, mit mehreren Eindrücken.
Verbreitung: Im Großteil Europas, im Norden bis Mittelnorwegen, Nordschweden und -finnland; in Mitteleuropa die häufigste Art dieser Gattung.
Lebensraum: Auf Waldwiesen, an Wegrändern, in Hainen im Bergvorland und Gebirge.
Lebensweise: Die Larven leben zwischen Bast und Splint von Nadelhölzern, besonders Fichten, aber auch in Tannen, Kiefern, Wacholder und Lärchen; auf der sonnenzugewandten Seite legen sie ihre gewundenen Gänge an. Die Larvenzeit dauert zwei Jahre. Die Käfer findet man von Mai bis September v. a. auf gelben Blüten.

1

2

3

1 Rindenschnellkäfer

Ctenicera pectinicornis
(Schnellkäfer)

Kennzeichen: 14–18 mm. Auffallend bei diesem Schnellkäfer sind die Fühler der Männchen mit den langen, kammartigen Fortsätzen, während die Fühler der Weibchen nur gesägt sind. Das schlanke Halsschild ist nach vorne zu verengt und die hinteren seitlichen Fortsätze sind sehr lang. Es gibt vier sehr ähnliche Arten in dieser Gattung.
Verbreitung: Nord-, Mittel- und nördliches Südeuropa.
Lebensraum: Auf feuchten Wiesen, in Gebüschen, an Waldrändern, im Wald auf Gräsern und Blüten.
Lebensweise: Die Käfer fressen von Mai bis Juli an Blüten von Gräsern und Büschen und sind v.a. im Sonnenschein aktiv. Lediglich die Weibchen sind manchmal am Boden oder halten sich unter Steinen auf. Ihre Larven leben im Boden oder entwickeln sich in morschem Holz.

2/3 Großer Leuchtkäfer

Lampyris noctiluca
(Leuchtkäfer)

Kennzeichen: 10–12 mm. Der Kopf ist völlig unter dem Halsschild verborgen, dessen Hinterwinkel spitz sind. Die Weibchen sind flügellos.
Verbreitung: In großen Teilen Europas inselartig vorkommend.
Lebensraum: Auf Wiesen und Schuttflächen, an Waldrändern, Hecken und in Parkanlagen.
Lebensweise: Die Männchen fliegen in warmen Juni- und Julinächten und finden die im Gras sitzenden Weibchen aufgrund ihrer Leuchtsignale. Nach der Paarung legen die Weibchen ihre Eier im Boden ab. Die Larven fressen Schnecken und benötigen drei Jahre zur Entwicklung, die Käfer nehmen keine Nahrung zu sich.
Interessantes: Die Leuchtorgane der Weibchen befinden sich am Ende des Hinterleibes auf der Unterseite. Das Licht ist das Resultat eines biochemischen Prozesses, bei dem ohne Wärmeentwicklung (Leuchtkäfer kann man in die Hand nehmen, sie »brennen« nicht!) die chemische Substanz *Luciferin* mit Hilfe des Enzyms *Luciferase* und Sauerstoff in den Leuchtstoff *Oxyluciferin* umgewandelt wird. Die Wellenlänge des ausgestrahlten »kalten« Lichtes ist artspezifisch und dient zur Anlockung der Männchen. Bei den einheimischen Arten ist das Leuchten konstant, südliche Arten können rhythmisch blinken. Unter den Leuchtzellen liegt eine reflektierende Schicht, die praktisch als Rückstrahler fungiert. Die Körperhaut über den Leuchtzellen ist glasartig durchsichtig und dient sozusagen als »Fenster«. Ein dichtes Netz feinster Luftkanäle und Nerven versorgt die Leuchtzellen, da der Leuchtvorgang viel Sauerstoff verbraucht und das Leuchten selbst (v.a. bei blinkenden Arten) nervlich zentral gesteuert wird. Die Lichtausbeute beträgt 98%; eine Glühbirne schafft nur 5%.

1

2

3

1 Rotgelber Weichkäfer

Rhagonycha fulva
(Weichkäfer)

Kennzeichen: 7–10 mm. Häufigster Weichkäfer Mitteleuropas. Wie bei allen Weichkäfern ist die Körperdecke weich und biegsam, da die Flügeldecken nur schwach chitinisiert sind. Der schwarze Spitzenfleck kann sich bei italienischen Arten bis zur Flügeldeckenmitte ausdehnen.
Verbreitung: In ganz Europa. Von der Ebene bis in gebirgige Lagen.
Lebensraum: Bevorzugt auf trockenen Standorten in Blumenwiesen, Feldrainen, Heidegebieten, an Waldrändern und Hängen.
Lebensweise: Die Käfer sind eifrige Blütenbesucher; man findet sie oft auf Doldenblüten, wo sie sich räuberisch von anderen kleinen Insekten ernähren. Treten besonders zahlreich zur Paarungszeit als Pärchen auf.

2 Zweifleckiger Zipfelkäfer

Malachius bipustulatus
(Zipfelkäfer)

Kennzeichen: 5,5–6 mm. Grün metallisch glänzend mit roten oder gelblichen Flecken am Ende der Flügeldecken. Rote Flecken finden sich auch am Kopf, den ersten Fühlergliedern und am Vorderrand des Halsschildes.
Verbreitung: In ganz Europa.
Lebensraum: V.a. auf Wiesen und in Flußauen, auch in Alpentälern häufig.
Lebensweise: Die Käfer erscheinen im Sommer und finden sich meist an Knäuelgras und anderen Blüten ein.
Interessantes: Die Zipfelkäfer besitzen am vorderen Brustabschnitt und am Hinterleib ausstülpbare Hautblasen, über deren Funktion man sich bislang völlig unklar ist. Ebenfalls charakteristische Organe sind die an verschiedenen Körperteilen der Männchen sitzenden Sekretionsorgane, die einen Stoff absondern, der die Weibchen nach Auflecken in Paarungsstimmung versetzt.

3 Bienenkäfer

Trichodes apiarius
(Buntkäfer)

Kennzeichen: 9–16 mm. Die zwei Querbinden und der umfangreiche Spitzenfleck auf den roten Flügeldecken sind schwarz oder blauschwarz gefärbt.
Verbreitung: Mittel-, Süd- und Osteuropa.
Lebensraum: V.a. auf Doldenblüten.
Lebensweise: Die wärmeliebenden Käfer treten nie besonders zahlreich auf; sie jagen auf den Blüten kleine Insekten. Die Larven leben räuberisch in den Nestern von Bienen, und zwar sowohl von solitär lebenden Wildbienen als auch von der Honigbiene, wo sie Larven, Puppen und alte Tiere verzehren.
Interessantes: Trotzdem kann der Bienenkäfer nicht als schädlich für die Honigbiene gelten, da er nicht häufig ist und wohl nur unsaubere Stöcke befällt. Bei der sehr ähnlichen Art *T. alvearius* ist das Flügeldeckenende orangerot gefärbt.

1

2

3

1 Messingkäfer

Niptus hololeucus
(Diebskäfer)

Kennzeichen: 2,5–4,5 mm. Auffallend ist die messingfarbene oder goldgelbe Behaarung und die am Ende keulig verdickten Schenkel. Der Halsschild ist gerundet, fast kugelig; die Augen sind klein.
Verbreitung: Weltweit.
Lebensraum: Oft in großen Mengen in Wohnungen und Lagerhäusern.
Lebensweise: Bei uns treten meist zwei Generationen pro Jahr auf. Die Larven fressen mit Vorliebe stärkehaltige Stoffe, sind also weitgehend auf Getreide, Getreideprodukte und deren Abfälle angewiesen. Die Verpuppung erfolgt oft in Höhlungen von morschem Holz.
Interessantes: Zu Massenvermehrungen kommt es allerdings nur in Gebäuden, wo Dreschabfälle als Isoliermaterial in Zwischenböden eingefüllt sind. Dort finden die Larven des Messingkäfers ideale Lebens- und Ernährungsbedingungen vor. Eine Bekämpfung hat jedoch nur dann Erfolg, wenn man den Brutherd findet und beseitigt.

2 Wollkrautblütenkäfer

Anthrenus verbasci
(Speckkäfer)

Kennzeichen: 1,7–3,5 mm. Klein und rundlich, der Kopf meist von oben nicht sichtbar. Die Körperoberfläche ist mit verschiedenfarbigen Schuppen bedeckt. Bei älteren Tieren kann die Beschuppung mehr oder weniger abgeschabt sein.
Verbreitung: Weltweit.
Lebensraum: Sowohl im Freiland als auch in Häusern.
Lebensweise: Die Käfer leben im Sommer v. a. auf Blüten, bevor sie im Herbst und Winter in den Häusern auftreten. Die Larven fressen an allen tierischen Substanzen wie z. B. Wolle, bevorzugt werden aber tote Insekten.
Interessantes: Die kompakten Larven sind lang und dicht behaart. Die Haarbüschel aus Pfeilhaaren werden bei Störung gespreizt und bieten Schutz gegen Feinde.

3 Mehlkäfer

Tenebrio molitor
(Schwarzkäfer)

Kennzeichen: 12–18 mm. Der gestreckte, parallelseitige Käfer ist glänzend kastanienbraun bis schwarz gefärbt und fettglänzend. Die Flügeldecken weisen feine Punktstreifen auf.
Verbreitung: Weltweit.
Lebensraum: Sowohl im Freien als auch in menschlichen Behausungen häufig; im Mulm alter Laubbäume, in Vogelnestern, v. a. in Vorratslagern mit Getreide sowie Getreide- und Mehlprodukten.
Lebensweise: Die Käfer können fliegen und sind hauptsächlich nachtaktiv; abends werden sie vom Licht angezogen und gelangen bei geöffneten Fenstern in die Wohnungen. Käfer und Larven können sich im Dunkeln am Erdmagnetfeld orientieren.
Interessantes: Die als »Mehlwürmer« bekannten Larven der Mehlkäfer werden in Zoohandlungen gezüchtet und als Futter für Kleintiere und Vögel verwendet.

1

2

3

1 Augenmarienkäfer

Anatis ocellata
(Marienkäfer)

Kennzeichen: Mit 8–10 mm der größte einheimische Marienkäfer. Die schwarzen, hellumrandeten Punkte auf den roten Flügeldecken sind sehr variabel, können aber auch fehlen; der Halsschild ist jedoch immer schwarzgelb gezeichnet.
Verbreitung: In Europa und Asien; in Amerika eingeführt. Vom Tiefland bis zur oberen Waldgrenze.
Lebensraum: In Nadelwäldern, auch unter Nadelbäumen in Gärten und Parks.
Lebensweise: Die Käfer kommen schon sehr zeitig im Jahr aus ihren Überwinterungsquartieren unter der Nadelstreu oder aus Rindenritzen hervor. Käfer und Larven ernähren sich räuberisch von Blattläusen auf Nadelholz. Die Larven sind grau mit schwarzgelben Flecken.
Interessantes: Die Beute wird visuell ab einer Entfernung von 2–3 cm erkannt. Die Käfer sind sehr nützliche Helfer im Forst, denn ein Tier kann in seinem Leben bis zu 2000 Blattläuse verzehren.

2 Siebenpunkt-Marienkäfer

Coccinella septempunctata
(Marienkäfer)

Kennzeichen: 5–8 mm. Wenig variable Art, durch Größe, Färbung und Zeichnung – sieben schwarze Punkte auf den orangeroten Flügeldecken – unverwechselbar.
Verbreitung: In ganz Europa.
Lebensraum: Überall im Freiland und auch in Häusern (an Blumentöpfen) häufig.
Lebensweise: Käfer und Larven sind überall dort zu finden, wo ihre Lieblingsnahrung – Blatt- und Schildläuse – vorkommt. Eine Larve kann in ihrem Leben über 600 Blattläuse verzehren. Die Marienkäfer sind also ausgesprochen nützliche Schädlingsvertilger.
Interessantes: Berühmt ist das »Sich-Totstellen« der Marienkäfer bei Gefahr. Sie lassen sich fallen und rühren sich nicht mehr vom Fleck. Der gleiche Reflex findet statt, wenn man die Käfer in die Hand nimmt; fast immer geben sie dabei auch noch eine gelbe Blutflüssigkeit ab, die aus feinen Poren an der Gelenkhaut zwischen Schenkel und Schiene austritt. Allerdings ist der Schutzwert dieser Verhaltensweise begrenzt: Größere Raubinsekten oder viele Vögel lassen sich davon nur wenig beeindrucken und verzehren Marienkäfer in großen Mengen.

Die Larve des Marienkäfers erkennt man an den gelben Flecken und den dornigen Fortsätzen.

1

2

1 Schrotbock

Rhagium inquisitor
(Bockkäfer)

Kennzeichen: 10–21 mm. Halsschild an den Seiten mit einem meist großen und spitzen Höcker. Oberseite dicht, fleckig, grau behaart; auf den Flügeldecken treten zwei schwarze mehr oder weniger vollständige Querbinden und zahlreiche unregelmäßige schwarze Punkte hervor. Die Flügeldecken selbst zeigen einen rötlichen Schimmer.
Verbreitung: In ganz Europa.
Lebensraum: In Nadelwäldern von der Ebene bis in die Berge häufig.
Lebensweise: Die Larven leben unter der Rinde von Nadelhölzern und brauchen für ihre Entwicklung zwei Jahre. Schon ab September findet man die frisch geschlüpften Käfer in der Puppenwiege. Die Käfer überwintern und verlassen die Puppenwiege im April.

2 Gefleckter Schmalbock

Leptura maculata
(Bockkäfer)

Kennzeichen: 14–20 mm. Einer unserer häufigsten Bockkäfer. Halsschild im vorderen Drittel an der Seite mit einem deutlichen Höcker, die einzelnen Fühlerglieder (ab dem dritten Glied) sind deutlich geringelt. Die gelb-schwarze Zeichnung ist sehr variabel.
Verbreitung: In weiten Teilen Europas.
Lebensraum: Auf Blüten (Doldengewächse) häufig.
Lebensweise: Die tagaktiven Käfer fliegen von Mai bis August und fressen Pollen, Staubgefäße und Nektar. Die Eier werden an morsche Waldbäume und Sträucher (Eiche, Buche, Birke, Ulme, Haseln, Weißdorn, seltener Fichten) abgelegt. Die frisch geschlüpften Larven ernähren sich von faulendem Holz (deshalb keine Schadwirkung); sie bohren sich tiefer ein und erzeugen im Innern lange Gänge.

3 Rothalsbock

Leptura rubra
(Bockkäfer)

Kennzeichen: 10–19 mm. Die Flügeldecken sind beim Männchen einfarbig braungelb, beim Weibchen rot, selten ockergelb. Der Halsschild der Männchen ist schwarz, der des Weibchens gleichgefärbt wie die Flügeldecken.
Verbreitung: Nordafrika, Europa bis Sibirien.
Lebensraum: Häufig auf Blüten, v. a. Doldenblüten; besonders die Weibchen aber auch an altem Holz.
Lebensweise: Während sich die Käfer von Blütenteilen ernähren, frißt die Larve im Holz abgestorbener Nadelbäume, wobei Fichten und Kiefern bevorzugt werden. In Stubben, Stämmen und Wurzeln werden unregelmäßige Gänge gegraben.
Interessantes: Wie die meisten Bockkäfer können auch die Rothalsböcke Töne erzeugen. Durch Reiben des Halsschildes an der Kante der Mittelbrust entsteht ein Knarren.

1

2

3

1 Schneiderbock

Monochamus sartor
(Bockkäfer)

Kennzeichen: 21–35 mm. Die vier in Mitteleuropa vorkommenden Arten dieser Gattung fallen durch ihre sehr langen Fühler auf, die bei den Männchen weit mehr als die doppelte Körperlänge erreichen können. Beim Schneiderbock sitzt auf den Flügeldecken im vorderen Drittel ein Quereindruck, das Schildchen ist dicht, gleichmäßig, gelblichweiß, kurz behaart.
Verbreitung: Im Alpenvorland und in den Alpen, östlich bis Bulgarien und Rumänien.
Lebensraum: Bei uns zurückgehend und v. a. in Gebirgsgegenden, hauptsächlich in Nadelwäldern.
Lebensweise: Schneiderböcke sitzen gerne auf gefällten Stämmen. Die Eiablage erfolgt im Sommer, indem das Weibchen in das Holz von Nadelbäumen einen Eitrichter nagt. Die Larve frißt unter der Rinde, später im Holz und überwintert vermutlich zweimal. Zur Verpuppung wandert sie im Frühjahr in die Außenbereiche. Bald darauf schlüpft der Käfer, nagt sich nach außen durch und verläßt den Stamm durch ein kreisrundes Ausflugsloch.
Interessantes: Bei Sonnenschein sind die Käfer recht flugaktiv, was bei der Größe und den nach vorne gestreckten, langen Fühlern sehr eindrucksvoll aussieht. Die Larven werden im Holz häufig von Schlupfwespen der Gattung *Rhyssa* (siehe Seite 110) angestochen.

2 Zimmermannsbock

Acanthocinus aedilis
(Bockkäfer)

Kennzeichen: 12–20 mm. Die Fühler können beim Männchen fünfmal, beim Weibchen eineinhalbmal länger sein als der Körper. Auf dem Halsschild sitzen vor der Mitte vier gelbe Haarflecken.
Verbreitung: Fast in ganz Europa, im Norden bis an die Kontinentsgrenze.
Lebensraum: V. a. in Kiefernwäldern.
Lebensweise: Die Larven entwickeln sich im Holz verschiedener Kiefernarten, seltener in Tanne, Fichte oder Lärche. Sie leben unter der Rinde von toten Stümpfen, Wurzelstöcken und liegenden Stämmen und verpuppen sich nach ein oder zwei Jahren im Herbst. Der Käfer schlüpft noch im Herbst, überwintert aber in der Puppenwiege.
Interessantes: Die Käfer erscheinen schon früh im Jahr, ab März, und sitzen gut getarnt an Kiefernstubben. Dort sind auch Revierkämpfe zwischen Männchen zu beobachten, bei denen die Gegner versuchen, sich mit der Stirn wegzudrücken. Neben dem Zimmermannsbock kommen bei uns noch zwei weitere Arten dieser Gattung vor, die aber kleiner sind (9–13 mm). Beim seltenen *A. griseus* sind die ungerippten Flügeldecken fast dreimal so lang wie breit. *A. reticulatus* hat deutlich gerippte Flügeldecken. Beide Arten kommen vor allem im Gebirge und im Alpenvorland vor.

1

2

1 Widderbock

Clytus arietis
(Bockkäfer)

Kennzeichen: 7–14 mm. Die schwarz-gelbe Zeichnung erinnert etwas an Wespen und scheint dem Käfer einen gewissen Schutz zu bieten. Die Fühler werden zum Ende hin dicker und dunkler. Der gelbe Strichfleck hinter der Schulter steht waagerecht; Fühler und Beine sind rotgelb.
Verbreitung: In großen Teilen Europas. Von der Ebene bis in die unteren Berglagen.
Lebensraum: In Laubwäldern auf Holzklaftern trockenen Ästen, auch auf Doldenblüten.
Lebensweise: Die tagaktiven Widderböcke findet man von Mai bis Juni. Sie sind recht scheu und fliegen bei Gefahr sofort von ihrem Aufenthaltsort ab. Die Larvenentwicklung dauert zwei Jahre und findet in dürren Ästen verschiedener Laubgehölze statt.
Interessantes: Fängt man die Käfer mit der Hand, versuchen sie den »Feind« durch heftiges Zirpen zu erschrecken, das durch Reiben der Vorder- gegen die Mittelbrust erzeugt wird.

2/3 Hausbock

Hylotrupes bajulus
(Bockkäfer)

Kennzeichen: 7–21 mm. Der schwarze bis braune Körper ist grau behaart; der Halsschild hat zwei glänzende Schwielen. Die Flügeldecken sind mit weißlichen Haarflecken besetzt, die hinter der Mitte zu zwei unregelmäßigen Querbinden angeordnet sein können.
Verbreitung: Durch Verschleppung nahezu weltweit.
Lebensraum: Als Kulturfolger in verbautem Nadelholz.
Lebensweise: Die Larven leben in totem, trockenem Holz von Stämmen und Stümpfen. Ihre Entwicklung dauert im Freiland zwei bis drei Jahre, in verbautem (vor allem zu trokkenem) Holz wesentlich länger. Sie fressen dabei immer breiter werdende Gänge im Holz, ohne die Holzoberfläche anzutasten (Bild 3). Einen Befall erkennt man erst an den elliptischen Schlupflöchern der voll entwickelten Käfer.
Interessantes: Zur Eiablage wählt das Weibchen Spalten im Holz aus; angelockt wird es durch den Duft von im Nadelholz vorhandenen ätherischen Ölen. Die Art ist seit Einführung der Holzimprägnierung recht selten geworden.

Der freigelegte Larvengang einer Hausbocklarve; die Puppenwiege wird unmittelbar unter der Holzoberfläche ausgenagt.

1

2

3

1 Weberbock

Lamia textor
(Bockkäfer)

Kennzeichen: 14–32 mm. Die Oberseite des einfarbig schwarzen Weberbocks ist fein, locker, bräunlich bis grau behaart, wobei sich oft mehrere unregelmäßig dicht behaarte Flecken bilden. Das Fühlerglied der mittellangen Fühler hat am Ende eine mondsichelförmige Kante.
Verbreitung: Heute vom nördlichen Südeuropa bis fast ganz in den hohen Norden. Die ehemals weit verbreitete Art ist allerdings stark im Rückgang begriffen und nur noch stellenweise zu finden.
Lebensraum: Bevorzugt alte Kopfweidenbestände entlang von Flußauen.
Lebensweise: Die dämmerungsaktiven, flugfähigen Käfer findet man von Mai bis August in der Nähe ihrer Brutbäume oder im unteren Blattwerk, wo sie den Rand der Blätter benagen oder die Rinde von jungen Ästen fressen. Sie fliegen aber äußerst selten. Die Larven entwickeln sich in Stöcken und Wurzeln von Weiden und Pappeln und fressen zuerst unter der Rinde, später im Holz der unteren Stammteile. Erst nach der zweiten Überwinterung verpuppt sich die Larve im Frühjahr in einer Puppenwiege am Ende des Fraßganges.
Interessantes: Hilfsmaßnahmen für den Weberbock sollten mit dem Schutz zusammenhängender Kopfweidenbestände beginnen; abgestorbene Bäume und Stümpfe dürfen nicht entfernt werden.

2 Pappelbock

Saperda carcharias
(Bockkäfer)

Kennzeichen: 20–30 mm. Auf den Flügeldecken finden sich zahlreiche nackte, schwarze Punkte; die feine Behaarung dazwischen ist ziemlich dicht und gleichmäßig gelbbraun bis grau. Jede Flügeldecke endet in einer kleinen, zähnchenförmigen Spitze.
Verbreitung: Mit Ausnahme des tiefen Südens in fast ganz Europa.
Lebensraum: In Auwäldern, an Pappelanpflanzungen, gerne in der Nähe von Fluß- und Bachufern.
Lebensweise: Die Käfer sind von Juni bis Oktober in der Dämmerung aktiv. Ihre Anwesenheit erkennt man an den mehr oder weniger großen Löchern (mit gezacktem Rand), die sie in die Rinde fressen. Zur Eiablage nagt das Weibchen einen Querspalt in die Stammrinde von Pappeln, Weiden oder Espen und legt ein Ei ab. Das Ei überwintert, die im nächsten Frühjahr schlüpfenden Larven gehen schnell ins Holz und fressen dort immer breiter werdende Gänge. Erst nach zwei oder drei Jahren verpuppen sie sich am Ende des Fraßganges in einer Puppenwiege aus groben Nagespänen. Befallene Bäume sind am Fraßmehl zu erkennen, welches an den Auswurflöchern austritt. Junge befallene Bäume zeigen im Befallsbereich einen charakteristischen, gekrümmten Stammwuchs.

1

2

1 Kleiner Eichenbock

Cerambyx scopolii
(Bockkäfer)

Kennzeichen: 17–28 mm. Halsschild auf der Oberfläche stark gerunzelt, an den Seiten mit einem spitzen Dorn. Enden der Flügeldecken stumpf abgerundet.
Verbreitung: Von Nordafrika bis Südskandinavien; meist nicht selten.
Lebensraum: Auf blühenden Sträuchern (v. a. Doldenblütlern) und an Holz.
Lebensweise: Die Käfer findet man von Mai bis Juli auf Blüten. Die Larven entwickeln sich im Holz verschiedener Laubbäume, auch in Obstbäumen (allerdings ohne große Schadwirkung). Anfangs leben sie unter der Rinde und wandern später tiefer ins Holz. Ihre Entwicklung dauert zwei Jahre.
Interessantes: Zum Schutz vor Feinden (Spechte, Schlupfwespen, Ameisen, räuberische Käferlarven) wird der Larvengang mit einem Deckel verschlossen.

2 Moschusbock

Aromia moschata
(Bockkäfer)

Kennzeichen: 13–34 mm. Die Färbung der metallisch glänzenden Flügeldecken ist sehr variabel und reicht von erzgrün über kupferfarben, blau, violett bis schwarz.
Verbreitung: Von Nordafrika bis fast in den hohen Norden; häufig.
Lebensraum: An Waldrändern und Bächen mit Weidenbeständen.
Lebensweise: Die Käfer erscheinen von Juni bis August auf Blüten und an Weiden. Die holzfressenden Larven entwikkeln sich in Weiden (v. a. Kopfweiden), seltener in Pappeln und Erlen und brauchen mehrere Jahre bis zur Verpuppung.
Interessantes: Der Name Moschusbock läßt sich auf Drüsen an der Hinterbrust zurückführen, die moschusartig riechende, aromatische Stoffe absondern. Diese Duftstoffe werden über die Futterpflanze aufgenommen und in den entsprechenden Duftdrüsen chemisch umgewandelt.

3 Alpenbock

Rosalia alpina
(Bockkäfer)

Kennzeichen: 15–38 mm. Flügeldecken und Halsschild hellblau behaart mit blauschwarzer Zeichung. Fühler beim Männchen fast doppelt so lang, beim Weibchen nur wenig länger als der Körper.
Verbreitung: Von Nordspanien und Westfrankreich über die Alpen bis in die Balkanländer.
Lebensraum: In Laubmischwäldern im Gebirge.
Lebensweise: Die Eiablage erfolgt an geschlagenem Buchenholz. Die Larve lebt dort drei oder mehr Jahre bis zur Verpuppung.
Interessantes: Durch Verlust der geeigneten Biotope (alte, anbrüchige Bäume) ist der Alpenbock äußerst gefährdet. Das Stehenlassen von Buchenklaftern über mehrere Jahre könnte den lokalen Bestand dieses wunderschönen Käfers mittelfristig garantieren.

1

2

3

1 Lilienhähnchen

Lilioceris merdigera
(Blattkäfer)

Kennzeichen: 6–7 mm. Bei uns kommen von dieser Gattung drei Arten vor. Das hier beschriebene Lilienhähnchen zeichnet sich durch die feinen Punktreihen auf den Flügeldecken, den roten Kopf (kann angedunkelt sein) und die größtenteils rötlichen Beine aus.
Verbreitung: In ganz Europa.
Lebensraum: In Gärten und Wiesen auf Maiglöckchen, Türkenbund, Weißwurz, Salomonssiegel und Laucharten.
Lebensweise: Die Weibchen kleben die Eier in Gruppen an die Futterpflanzen und umgeben sie mit einer schützenden Schicht aus Darminhalt. Käfer und ihre mit Schleim bedeckten Larven zerfressen die Blätter der Futterpflanzen.
Interessantes: Die Käfer können bei Störung Zirplaute hervorbringen, indem geriefte Felder auf dem letzten Hinterleibssegment gegen die Flügeldeckenkante gestrichen werden. Über eine genauere Bedeutung des Zirpens und über ein Hörvermögen ist nichts bekannt.

2/3 Kartoffelkäfer

Leptinotarsa decemlineata
(Blattkäfer)

Kennzeichen: 6–10 mm. Durch die gelbschwarze Längsstreifung unverwechselbar; ganz selten können allerdings vollkommen schwarze Tiere auftreten.
Verbreitung: Weltweit verschleppt.
Lebensraum: Überall häufig an Kartoffeln.
Lebensweise: Beim Kartoffelkäfer sind zwei Generationen im Jahr möglich. Im Frühsommer verlassen die Käfer ihre Winterquartiere im Boden und fressen kurz an den austreibenden Kartoffelpflanzen. Nach der Begattung legt das Weibchen an die Unterseite der Blätter Eipakete von 20–60 orangeroten Eiern ab, pro Jahr etwa 1200. Bereits nach einer Woche schlüpfen die rötlichen Larven (Bild 3) und fressen an den Blättern. Nach zwei bis vier Wochen verpuppen sich die Larven und nach weiteren drei Wochen erscheinen die Käfer.
Interessantes: Die Art stammt ursprünglich aus den Rocky Mountains. Mit Einführen der Kartoffelpflanzen gelangten die Käfer nach Europa, wo sie 1874 an der Atlantikküste zum ersten Mal entdeckt wurden. Von Frankreich aus hat sich der Kartoffelkäfer dann recht schnell und weit nach Osten ausgebreitet.

Das Eigelege des Kartoffelkäfers auf der Unterseite eines Kartoffelblattes.

1

2

3

1 Pappelblattkäfer

Melasoma populi
(Blattkäfer)

Kennzeichen: 10–12 mm. Gewölbt und breit gerundet, Flügeldecken rot, ohne Metallglanz mit am Ende je einem kleinen, schwarzen Fleck, der den Pappelblattkäfer von anderen roten Arten unterscheidet.
Verbreitung: Fast auf der ganzen Nordhalbkugel.
Lebensraum: Auf Pappeln und Weiden; häufig.
Lebensweise: Die Käfer erscheinen von Mai bis August. Sie überwintern am Boden unter Laub und legen die Eier im Frühjahr an die Blattunterseiten der Futterpflanzen. Käfer und Larven fressen an den Blättern von Weiden und Pappeln und wandeln die dabei aufgenommene Salicylsäure in Abwehrstoffe um.
Interessantes: Werden die Käfer gestört, geben sie zur Abwehr ein nach Karbol riechendes Sekret ab. Haben sie sich beruhigt, kann dieser Sekrettropfen wieder in den Vorratsraum der Drüse zurückgesogen werden.

2 Rainfarn-Blattkäfer

Galeruca tanaceti
(Blattkäfer)

Kennzeichen: 6–11 mm. Stets schwarze, leicht glänzende Art. Flügeldecken mit breiter Seitenrinne. Die Vorderecken des Halsschildes sind stumpf oder verrundet.
Verbreitung: In fast ganz Europa.
Lebensraum: An sonnigen und trockenen Plätzen; außer an Rainfarn auch an Schafgarbe und vielen anderen Pflanzen.
Lebensweise: Die Käfer sind von Juni bis September oft in Massen zu finden. Die Weibchen legen ihre Eier im Herbst in Form von Eiballen (20–30 Eier) auf Blüten, Stengeln und Blättern ab und überziehen sie mit einer hellen Sekretschicht, die an der Luft erhärtet. Auf diese Weise gut geschützt überstehen die Eier den Winter. Die im Frühjahr schlüpfenden Larven fressen an den verschiedensten Pflanzen und verpuppen sich in der Erde.
Interessantes: Bei Massenauftreten (z. B. in Holland) kann die Art Schäden an Kohlpflanzen, Bohnen, Dahlien und vielen anderen Kulturpflanzen anrichten.

3 Rüsselkäfer

Cyphocleonus tigrinus
(Rüsselkäfer)

Kennzeichen: 7–11,5 mm. Die marmorierte Oberseite ist grau beschuppt, der Halsschild an der Seite gerade abgeschnitten, hat also keine Augenlappen. Der Kopf mit einer schmalen Querfurche dicht hinter den Augen.
Verbreitung: Von Mittel- und Südeuropa bis nach Sibirien; nach Norden hin allerdings selten.
Lebensraum: In Steppenbiotopen v. a. im Mai und Juni auf Schafgarbe und Beifuß.
Lebensweise: Die Larven fressen an den Wurzeln verschiedener Asternartiger und bilden dort Gallen.

1

2

3

1 Großer Trägrüßler

Liparus glabrirostris
(Rüsselkäfer)

Kennzeichen: 14–19 mm. Flügeldecken mit gelben Schuppenflecken bedeckt, die teilweise auch abgerieben sein können. Die sieben Trägrüßler-Arten sind die größten mitteleuropäischen Rüsselkäfer.
Verbreitung: Von den Pyrenäen über die Alpen bis in die Karpaten; auch im Thüringer Wald, Harz und Erzgebirge.
Lebensraum: Auf Geröllflächen und an Hängen der mittleren und hohen Gebirgslagen.
Lebensweise: Die ungeflügelten Käfer findet man an Pestwurz, Huflattich und Bärenklau. Die Weibchen stechen Wurzelstöcke der Pestwurz an und legen ein Ei ab. Die Larven legen Gänge im Wurzelstock an; zur Verpuppung graben sie sich in den Boden ein.

2/3 Buchdrucker

Ips typographus
(Borkenkäfer)

Kennzeichen: 4–5,5 mm. Walzenförmiger Käfer mit abstehender Behaarung; der Kopf ist unter dem großen Halsschild verborgen.
Verbreitung: Ganz Eurasien; in Europa von Norditalien bis in den hohen Norden.
Lebensraum: In Fichtenbeständen und Nadelwäldern überall häufig.
Lebensweise: Alle mitteleuropäischen Arten der Gattung *Ips* sind sog. »Rindenbrüter«, d.h. die Tiere entwickeln sich unter der Rinde von Stämmen und Ästen verschiedener Nadelhölzer, der Buchdrucker nahezu ausschließlich in der Gemeinen Fichte. Die Weibchen bohren unter der Rinde zunächst einen Längsgang. Die mehrmalige Paarung mit dem Männchen findet in einer Erweiterung (»Rammelkammer«) statt. Von einem Weibchen werden dann 30–60 Eier in Einischen links und rechts des Längsmutterganges abgelegt. Die Larven bohren sich vom Muttergang aus nach allen Richtungen zwischen Holz und Rinde weiter und erzeugen so das arttypische Fraßbild. Meist sind diese Larvengänge nicht länger als 6 cm und werden zum Ende hin – entsprechend dem Wachstum der Larve – immer breiter. Dort verpuppen sich die Larven, und die schlüpfenden Jungkäfer bohren sich von dort ins Freie. Bei stark befallenen Fichten ist die Borke regelrecht durchlöchert.

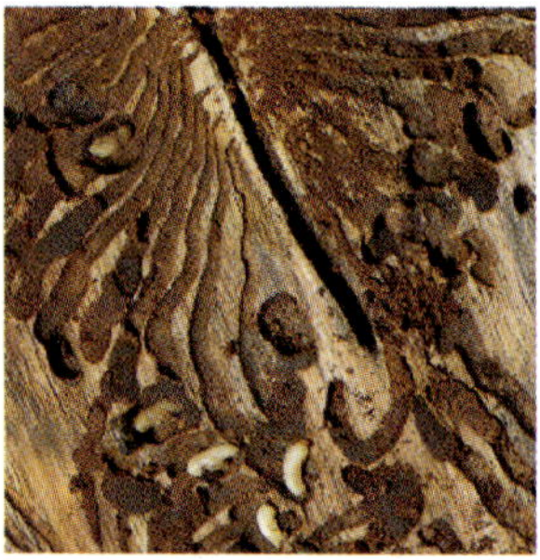

Das Fraßbild des Buchdruckers; am Ende einiger Fraßgänge sind die verpuppungsreifen Larven zu sehen.

1

2

3

1 Riesenholzwespe

Urocerus gigas
(Holzwespen)

Kennzeichen: 12–40 mm. Der größte Hautflügler Mitteleuropas trägt lange fadenförmige Fühler und ist schwarz und gelb gezeichnet.
Verbreitung: In fast ganz Europa.
Lebensraum: In Nadelwäldern, v.a. in Fichtenbeständen.
Lebensweise: Die Weibchen bohren mit ihrem langen Legebohrer unter der Rinde von stehenden oder gefällten Stämmen etwa 1 cm tief ins Holz und legen meist mehrere Eier ab. Die Larven nagen mit den kräftigen Kiefern Gänge in das Holz. Mit dem Ende der Larvenzeit wendet sich der Gang zur Oberfläche, wo dicht unter der Rinde die Verpuppung stattfindet. Das vollentwickelte Insekt nagt sich dann nach außen durch.
Interessantes: Die Holzwespen sind stets mit Pilzen vergesellschaftet, die im Holz wachsen und dieses zersetzen. Diese Pilze werden von der Larve gefressen und liefern ihr die Enzyme zur Verdauung des Holzes.

2 Blattwespe

Tenthredo sp.
(Blattwespen)

Kennzeichen: 10–15 mm. Hinterleib und Beine sind gelb und schwarz geringelt (»Wespenfärbung«). Im Gegensatz zu den Wespen setzt der Hinterleib in voller Breite an der Brust an. Blattwespen besitzen keinen Stachel.
Verbreitung: Fast ganz Europa. In Mitteleuropa kommen von der sehr artenreichen Familie der Blattwespen weit über 100 Arten vor.
Lebensraum: Häufig auf Doldenblüten.
Lebensweise: Die meist frei auf den Blättern fressenden Larven finden sich auf verschiedenen krautigen Pflanzen.
Interessantes: Die Larven ähneln den Raupen von Schmetterlingen und werden als *Afterraupen* bezeichnet. Im Gegensatz zu Schmetterlingsraupen besitzen sie jedoch mindestens sechs Paare von Bauchfüßen (Schmetterlingsraupen haben maximal fünf Paar), das erste Hinterleibsegment ist frei (bei Schmetterlingsraupen sind die beiden ersten Hinterleibssegmente frei von Bauchfüßen).

Schmetterlingsraupe (oben) und Blattwespenlarve (unten) im Vergleich.

1

2

1 Birkenknopfhorn-Blattwespe

Cimbex femorata
(Keulenblattwespen)

Kennzeichen: 20–28 mm. Keulenblattwespen sind an ihrem breiten Körperbau und den knopfartig gekeulten Fühlern leicht zu erkennen. Manche Individuen haben einen gelbgefleckten oder dunkelroten Hinterleib.
Verbreitung: Ganz Europa.
Lebensraum: Nur in Birkenwaldungen oder dort, wo Birken in größerer Anzahl stehen.
Lebensweise: Das Weibchen legt die Eier einzeln an Birkenblätter, wobei es das Blattgewebe mit dem Legebohrer anritzt. Die hellgrüne Afterraupe hat auf dem Rücken einen dunklen Streifen. Sie ruht tagsüber an der Blattunterseite und frißt nachts das Blattgewebe.
Interessantes: Bei Bedrohung verspritzt die Raupe aus kleinen Öffnungen nahe der Atemöffnungen (*Stigmen*) Blutflüssigkeit bis zu 20 cm weit.

2 Holzschlupfwespe

Rhyssa persuasoria
(Schlupfwespen)

Kennzeichen: 18–40 mm. Der Hinterleib ist auffallend weiß gefleckt, die langen Fühler sind schwarz.
Verbreitung: In einem großen Teil Europas und in Nordamerika.
Lebensraum: V. a. in Nadelwäldern.
Lebensweise: Zur Eiablage sucht das Weibchen Stämme auf, in denen sich Holzwespen- oder Bockkäferlarven entwickeln. Mit seinem dünnen Legebohrer sticht es senkrecht in die harte Holzschicht und dringt bis zu der Larve vor, an deren Außenseite das Ei abgelegt wird. Die Schlupfwespenlarve ernährt sich dann vom Körpergewebe der Wirtslarve.
Interessantes: Oft wird die Holzschlupfwespe bei der Eiablage von einem Parasiten aus der gleichen Familie beobachtet. Dieser benützt dann den Bohrkanal, um seinerseits ein Ei an dieselbe Wirtslarve abzulegen. Sofort nach dem Schlüpfen tötet die Parasitenlarve die Larve der Holzschlupfwespe und schmarotzt alleine an der Wirtslarve.

3 Schlupfwespe

Ichneumonidae sp.
(Schlupfwespen)

Kennzeichen: 3–20 mm im Durchschnitt. Vorderkörper und Hinterleib sind durch eine tiefe Einschnürung (»Wespentaille«) getrennt; die Fühler mit mehr als 16 Gliedern.
Verbreitung: Weltweit; in Mitteleuropa über 3000 Arten.
Lebensraum: Verschiedenste Lebensräume; bevorzugt auf Doldenblüten.
Lebensweise: Die Larven der Schlupfwespen leben ausnahmslos parasitisch. Oft wird über den langen Legebohrer bei der Eiablage Gift in die Beute injiziert, welches den Wirt mehr oder weniger lange lähmt. Beim Durchgleiten des langen Legebohrers sind die Eier meist stark deformierbar; außerdem erhalten sie einen Überzug, der eine Abkapselung im Wirtskörper verhindert.

1

2

3

1 Brackwespe

Apanteles sp.
(Brackwespen)

Kennzeichen: 3–4 mm. Unscheinbare, bräunlich, gelblich oder schwarz gefärbte Wespen, bei denen der dritte und vierte Hinterleibsring fest miteinander verwachsen sind.
Verbreitung: Weltweit; in Mitteleuropa einige Arten.
Lebensraum: Überall dort, wo Schmetterlingsraupen anzutreffen sind.
Lebensweise: Ein Weibchen kann bis zu 2000 Eier ablegen, wobei in jede Schmetterlingsraupe etwa 30 Stück abgegeben werden. Allerdings können mehrere Weibchen ihre Eier in dieselbe Raupe ablegen, so daß man später bis zu 150 und mehr Kokons finden kann. Die Larven ernähren sich zunächst nur von der Blutflüssigkeit und vom Fettkörper der Raupe, erst später werden die Organe gefressen. Dann verlassen die ausgewachsenen Larven die Raupe und verpuppen sich in Kokons auf dieser.

2 Feuer-Goldwespe

Chrysis sp.
(Goldwespen)

Kennzeichen: 7–10 mm. In Mitteleuropa etwa 60 sehr schwer bestimmbare, wärme- und sonnenliebende Arten; meist mit glänzenden Metallfarben. Die Weibchen besitzen einen Giftstachel.
Verbreitung: In allen wärmeren Gegenden Europas.
Lebensraum: Mauern, Lehmwände, Sandböschungen und alte Pfosten.
Lebensweise: Die Imagines lecken gerne Nektar, auch den von Blattläusen ausgeschiedenen »Honigtau«.
Interessantes: Goldwespen legen ihre Eier in Nestern von solitären Bienen, Grab- und Faltenwespen ab. Ihre Larven ernähren sich parasitisch von den heranwachsenden Wirtslarven.

3 Wegwespe

Anoplius viaticus
(Wegwespen)

Kennzeichen: 10–14 mm. Schlanker Körperbau mit langen Beinen und Fühlern. Die Färbung ist schwarz, die vorderen drei Hinterleibssegmente sind rot mit dunklem Endrand.
Verbreitung: Fast ganz Europa.
Lebensraum: Sandige Gebiete mit wenig Vegetation, v. a. Sandgruben, Wege und Binnendünen.
Lebensweise: Die Weibchen machen bevorzugt Jagd auf Wolfsspinnen, die sie in ihren Schlupfwinkeln (unter Moospolstern oder Holzstücken) aufstöbern und nach meist kurzem Kampf mit einem lähmenden Stich überwältigen. Rückwärts kriechend zerren sie die Spinne zu einem geeigneten Nistplatz. Nach langem Suchen gräbt das Weibchen einen 10 cm tiefen, schrägen Gang in den Sandboden, der sich am Ende zu einer kleinen Kammer erweitert. Die Spinne wird an ihren Spinndrüsen gepackt und rückwärts in den Gang transportiert. Nach der Eiablage wird das Nest verschlossen.

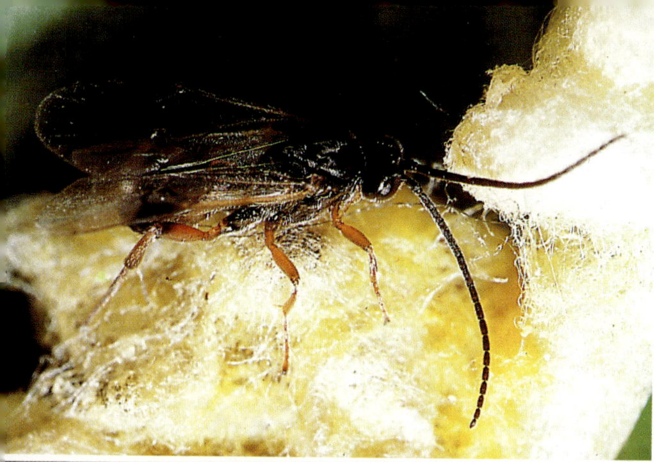

1

2

3

1 Rosengallwespe

Diplolepis rosae
(Gallwespen)

Kennzeichen: 3–6 mm. Bekannter als die unscheinbaren Rosengallwespen sind die bis zu 5 cm großen Gallen an Heckenrosen und vielen Rosen-Zuchtformen.
Verbreitung: Fast ganz Europa.
Lebensraum: Offene Landschaften mit Heckenrosen-Beständen.
Lebensweise: Die Weibchen legen die Eier in Rosenknospen ab, aus denen sich die Galle mit der Larvenkammer entwickelt. Die Galle ist über und über mit langen Haaren bewachsen und wird im Volksmund als »Schlafapfel« bezeichnet (unter das Kopfkissen gelegt, soll sie den Schlaf fördern). Große Gallen enthalten mehrere Larvenkammern. Die Larven ernähren sich von den Zellen der Kammerwandung, die reich an Eiweißen und ölhaltigen Stoffen sind.
Interessantes: Fast immer werden Rosengallwespen-Larven von Erzwespen parasitiert. Diese stechen durch den Schlafapfel und legen ihrerseits die Eier an die Larven der Rosengallwespe ab.

2/3 Waldameise

Formica sp.
(Ameisen)

Kennzeichen: 5–11 mm. Alle 200 europäischen Ameisenarten sind sehr schwer zu bestimmen. So wird z. B. eine Reihe von Arten unter dem Begriff »Waldameisen« zusammengefaßt. Geflügelte Ameisen (Bild 2) sind Königinnen (bis zum Hochzeitsflug) oder Männchen.
Verbreitung: Weltweit.
Lebensraum: Laub- und strukturreiche Nadelwälder.
Lebensweise: Ameisen sind staatenbildende Insekten mit einer oder mehreren Königinnen. Der Ameisenbau ist teils ober-, teils unterirdisch angelegt und sorgt im Sommer wie im Winter für ein konstantes Wohnklima.
Interessantes: Die Nester (Ameisenhügel) der Waldameisen stehen unter Naturschutz. Ein mittelstarkes Ameisenvolk umfaßt 500 000 bis 800 000 Arbeiterinnen (Bild 3) und ist im Forst gerne gesehen, da die Ameisen beim Vertilgen von Forstschädlingen ausgesprochen erfolgreich sind. Die Lebensdauer eines Volkes beträgt etwa 15 Jahre.

Der hügelförmige Bau einer Waldameise dient der Temperaturregelung im Nestinnern.

1

2

3

1 Pillenwespe

Eumenidae sp.
(Pillenwespen)

Kennzeichen: 10–25 mm. Die schlank gebauten Pillenwespen kann man am langgestreckten ersten Segment des Hinterleibes erkennen. Die Krallen sind am Ende gezähnt oder gespalten.
Verbreitung: In Mitteleuropa kommen über 80 Arten vor.
Lebensraum: Bevorzugt warmes, sonniges und offenes Gelände.
Lebensweise: Die Pillenwespen sind nicht staatenbildende Wespen, die sich allerdings bei geeignetem Nistplatz-Angebot in größeren Kolonien ansiedeln. Als Baumaterial für die Nester dienen in der Regel Lehm oder Sand, seltener pflanzliche Stoffe. Dabei werden oft recht kunstvolle Brutzellen hergestellt, die in ihrer Art typisch sind. Für die Aufzucht der Larven werden v. a. Schmetterlingsraupen, aber auch andere Insektenlarven eingetragen. Obwohl die Eingangsröhre am Ende mit Lehmklümpchen verschlossen wird, bietet der Bau keinen ausreichenden Schutz vor Parasiten.

2 Dolchwespe

Scolia flavifrons
(Dolchwespen)

Kennzeichen: 25–40 mm. Schwarz, stark behaart, mit vier gelben Flecken (die zusammenfließen können) auf dem Hinterleib. Der Kopf des Weibchens (Bild 2) ist größer als der des Männchens und orangebraun gefärbt.
Verbreitung: Fast ganz Europa, außer den Nordgebieten.
Lebensraum: Bevorzugt warme, sandige Gebiete mit altem Baumbestand (in Italien z. B. Olivenhaine).
Lebensweise: Die Imagines findet man im Frühjahr oft auf Blüten. In Mulm und Komposthaufen sucht das Weibchen nach Larven des Nashornkäfers. Es gräbt sich mit den Kiefern und Vorderbeinen zum Engerling durch und lähmt ihn durch einen Stich mit dem Giftstachel. Die paralysierte Larve wird gereinigt; erst dann legt die Dolchwespe ein Ei an den Körper des Engerlings. Die madenartige Dolchwespenlarve bohrt sich in den Körper des Engerlings ein und frißt ihn bis auf die Außenhülle auf.
Interessantes: Dolchwespen sind nicht angriffslustig; es besteht kaum Gefahr, von ihnen gestochen zu werden.

Beim Männchen der Dolchwespe ist der Kopf ganz schwarz gefärbt.

1

2

1 Deutsche Wespe

Vespula germanica
(Faltenwespen)

Kennzeichen: 10–20 mm. Die einheimischen Wespenarten lassen sich im wesentlichen anhand der Zeichnung des Kopfschildes unterscheiden; die Deutsche Wespe hat auf dem gelben Kopfschild drei schwarze Punkte. Namengebendes Familienmerkmal der Faltenwespen ist ihre Eigenart, die Vorderflügel in Ruhestellung einmal in Längsrichtung zu falten.
Verbreitung: Europa, Asien und Nordamerika.
Lebensraum: In offenem Gelände, Gärten, Siedlungen, lichten Wäldern.
Lebensweise: Wie alle Wespen gehört die Deutsche Wespe zu den staatenbildenden Hautflüglern mit stets einjährigen Nestern. Die befruchtete, überwinterte Königin verläßt im April ihr Versteck, ernährt sich zwei bis drei Wochen von Nektar und sucht dann einen geeigneten Nistplatz. Sie nistet meist unterirdisch an versteckten Plätzen (z. B. Mäusenest, Maulwurfsgang). Zum Bau des Nestes wird noch festes, oberflächlich grau verwittertes Holz verwendet. Unter Zugabe von Speichel entsteht eine papierartige Masse, mit der sie die erste Wabenreihe errichtet. In den nach unten offenen Brutzellen wird jeweils ein Ei befestigt. Die geschlüpften Larven werden mit erbeuteten Insekten, v. a. Fliegen, gefüttert. Wenige Wochen nach der Nestgründung schlüpfen die ersten Arbeiterinnen, die jetzt die Königin beim Nestbau und der Brutpflege unterstützen. Die Nestgröße kann bis zu 30 cm erreichen. Im Spätsommer entwickeln sich aus unbefruchteten Eiern Männchen, aus befruchteten Eiern Weibchen; die Männchen sterben kurz nach der Paarung. Im Herbst gehen die alte Königin und alle Arbeiterinnen zugrunde; die befruchteten Weibchen überwintern.

2 Gewöhnliche Wespe

Vespula vulgaris
(Faltenwespen)

Kennzeichen: 11–19 mm. Kopfzeichnung mit ankerförmigen Längsstreifen.
Verbreitung: Europa, Asien, Nordamerika und Mexiko.
Lebensraum: Offenes Gelände, Wiesen, Gärten.
Lebensweise: Entspricht der Deutschen Wespe; für den Nestbau wird allerdings stark verrottetes, morsches Holz verwendet, was dem Nest eine gelbliche bis rötlich-braune Färbung verleiht. Helle und dunkler gemusterte Zonen wechseln sich dabei ab. Im Spätsommer kann das Wespenvolk etwa 7000 Tiere umfassen.
Interessantes: Während bei der Honigbiene der Wehrstachel nach dem Stich in der Haut des Menschen steckenbleibt und der Hinterleib abreißt, können Wespen ihn wieder herausziehen. Dies liegt an der Form der Widerhaken.

1

2

1 Mittlere Wespe

Dolichovespula media
(Faltenwespen)

Kennzeichen: 15–22 mm. Die Augen weit von der Basis der Oberkiefer (*Mandibeln*) entfernt, die Augeneinbuchtung ist komplett gelb gezeichnet.
Verbreitung: Fast ganz Europa.
Lebensraum: Lichtliebende Art, die ihr Nest freihängend auf Bäumen, Sträuchern, in Hecken oder Felsen baut.
Lebensweise: Die Arbeiterinnen fliegen ab Ende Mai bis fast Ende Oktober. Die jungen Königinnen helfen den Arbeiterinnen bei der Versorgung der Larven. Das Baumaterial für das Nest wird vorzugsweise von lebenden Pappeln bezogen. Das fertige Nest ist hellgelb oder blaßgrau, hat die Form einer Zitrone und enthält etwa 100 Zellen.
Interessantes: Im Nestbereich verhält sich diese Wespenart oft recht aggressiv. In den Giftdrüsen des Wehrstachels wird ein Stoff hergestellt, der bei Gefahr in Richtung des Störenfrieds gespritzt wird und die Nestgenossinnen zum sofortigen Angriff alarmiert.

2 Hornisse

Vespa crabro
(Faltenwespen)

Kennzeichen: 18–35 mm. Durch Größe, Färbung und Zeichnung unverwechselbar. Die Zeichnung der Brust ist rotbraun.
Verbreitung: In ganz Europa, den gemäßigten Zonen Sibiriens, Nordamerika, Nordfrika.
Lebensraum: Laubmischwälder, Parks, buschreiches Gelände und Gärten.
Lebensweise: Bevorzugte Nistplätze sind dunkle oder abgeschirmte Orte, z. B. hohle Bäume. Die Königin beginnt im Frühsommer mit dem Bau einiger Zellen als Grundlage für die erste Wabe. Das Baumaterial wird an morschem Holz gesammelt, das Nest erhält so eine gelb- bis rotbraune Färbung. Nach 4–5 Wochen schlüpfen die ersten Arbeiterinnen. Diese bauen weitere Waben und eine Schutzhülle. Hornissen jagen alle möglichen Insekten, zu 90 % besteht ihre Nahrung jedoch aus Fliegen. Die erbeutete Nahrung wird in einem Kropf gesammelt und ins Nest gebracht.
Interessantes: Hornissen sind nicht aggressiv; ihr Stich ist zwar schmerzhafter als ein Wespenstich, aber nicht giftiger. Auch viele Stiche sind nicht unbedingt gefährlich, es sei denn, man reagiert allergisch.

Hornissen legen ihr Nest meist in einem hohlen Baum oder in einem Mauerwinkel an.

1

2

1 Sandwespe
Ammophila pubescens
(Grabwespen)

Kennzeichen: 15–19 mm. Schlanke Grabwespe mit stielförmigem Hinterleib, der nach hinten verdickt ist. Stielende und basaler Teil des verdickten Hinterleibes sind rot gefärbt.
Verbreitung: Fast ganz Europa.
Lebensraum: Die wärmeliebende Art findet sich v.a. an sandigen Stellen.
Lebensweise: Sandwespen sind besonders während der heißen Stunden des Tages aktiv. Sie suchen nach Raupen von Schmetterlingen und Larven von Blattwespen, lähmen mit mehreren Stichen die Beute und bringen sie zum Nest. Dieses besteht aus einem einige Zentimeter tiefen Gang, an dessen Ende sich eine erweiterte Brutkammer befindet. Die Wespe zieht ihre Beute rückwärts kriechend in den Gang hinein und legt das Ei direkt an den Raupenkörper ab. Jedes Weibchen legt etwa zehn Nester an, die nach der Eiablage sorgfältig verschlossen werden.

2 Kreiselwespe
Bembix rostrata
(Grabwespen)

Kennzeichen: 15–22 mm. Die großen Augen sind grünlich, die Vorderseite des Kopfes und die Beine überwiegend gelb gefärbt. Die Oberlippe ist in einen langen Schnabel ausgezogen, der nach unten ausgeklappt werden kann.
Verbreitung: In Europa bis Südskandinavien.
Lebensraum: Auf vegetationsarmen, sandigen Flächen, v.a. auf Dünen, gelegentlich auch in Sandgruben oder auf Trockenrasen.
Lebensweise: Der Nestbau erfolgt mit rasender Geschwindigkeit; die im Gleichtakt arbeitenden Vorderbeine schleudern den Sand in regelrechten Wolken nach hinten. Auf diese Weise legt die Kreiselwespe einen bis zu 15 cm schräg nach unten führenden Gang an, der sich am Ende zu einer Nestkammer erweitert. Beim Verlassen wird die Öffnung durch Sand wieder verschlossen.

3 Bienenwolf
Philanthus triangulum
(Grabwespen)

Kennzeichen: 12–18 mm. In Zeichnung und Färbung variable gelb-schwarze Grabwespe mit großem Kopf und verdickten Fühlern.
Verbreitung: Fast ganz Europa, bis auf den Norden.
Lebensraum: Offene sandige oder lehmige Plätze.
Lebensweise: Der Bienenwolf ernährt sich fast ausschließlich von Honigbienen, die er beim Blütenbesuch überwältigt und mit seinem Giftstachel lähmt. Mit dem in Rückenlage befindlichen Opfer fliegt der Bienenwolf in das zuvor angelegte Nest. Dieses befindet sich bevorzugt in Steilwänden und besteht aus einem bis zu 1 m langen, waagerechten Hauptgang. Im hinteren Abschnitt zweigen 5–10 taubeneigroße Brutzellen ab, in die mehrere Beutestücke gebracht werden. Auf der zuletzt eingetragenen Biene wird das Ei abgelegt.

1

2

3

1 Honigbiene

Apis mellifera
(Bienen)

Kennzeichen: 12–20 mm. Die Brust ist gelbbraun behaart, die Hinterleibssegmente sind an der Basis hell filzig behaart. Die Radialzelle der Vorderflügel ist auffallend langgestreckt und erreicht fast die Flügelspitze.
Verbreitung: Weltweit.
Lebensraum: Parks, Gärten, Wiesen und Waldränder.
Lebensweise: Zum Nestbau wird Wachs verwendet, das die Arbeiterinnen in einem bestimmten Lebensabschnitt aus besonderen Drüsen am Hinterleib ausscheiden. Während ihrer nur einige Wochen dauernden Lebenszeit haben die Arbeiterinnen ganz bestimmte Aufgaben zu verrichten. Dies wird von der Königin durch eine besondere Substanz gesteuert, die sie bei der Fütterung weitergibt.
Interessantes: Der zur Verteidigung eingesetzte, mit Widerhaken versehene Giftstachel ist im Hinterleib nur durch schwache Muskeln verankert und bleibt beim Stich eines Warmblüters in dessen Haut stecken. Dies führt zum späteren Tod der Biene.

Der Imker bei der Wabenentnahme.

2 Furchenbiene

Halictus sexcinctus
(Bienen)

Kennzeichen: 14–15 mm. Die weißen Endbinden auf dem Hinterleib dieser Art sind breit. Die weiblichen Furchenbienen haben auf dem letzten Hinterleibssegment eine schmale, unbehaarte Längsfurche. Die Fühler der Männchen sind an der Basis und an den letzten 3–4 Gliedern dunkelbraun und gelb gemustert.
Verbreitung: In Mitteleuropa entlang der Flußtäler.
Lebensraum: Auf sandigen und lehmigen Flächen mit spärlicher Vegetation, bevorzugt in Sandgruben und an Wegböschungen. Wegen des Rückgangs offener Sandflächen ist diese Art allerdings nicht häufig und gefährdet.
Lebensweise: Als Nektar- und Pollenquelle dienen dieser solitär lebenden Bienenart vorwiegend Korbblütler. Das Nest besteht aus einem Hauptgang, der von der Erdoberfläche schräg, oft auch fast horizontal hinabführt. Davon zweigen zahlreiche kurze Seitengänge ab, an deren Enden jeweils eine Brutzelle liegt.

1

2

1 Wollbiene

Anthidium sp.
(Bienen)

Kennzeichen: 6–18 mm. Die Wollbienen besitzen einen auffällig kurzen und breiten Körperbau; die Behaarung ist meist nur schwach. Durch die gelb-schwarze Musterung etwas wespenähnlich.
Verbreitung: Einige Arten in ganz Europa, in Mitteleuropa sieben Arten.
Lebensraum: Bevorzugt warme, sonnige und trockene Gebiete, z. B. Trockenrasen, Ödland, Kiesgruben und Heideflächen.
Lebensweise: Die Wollbienen sind Bauchsammlerbienen, d. h. der Pollen haftet an einer Bauchbürste auf der Körperunterseite. Sie bauen ihre Brutzellen aus Pflanzenhaaren oder auch aus Pflanzenharz (Harzbienen). Meist werden die Nester zwischen Steinen oder losem Geröll angelegt, manchmal in selbstgegrabenen Gängen, mitunter in Mauerritzen oder verlassenen Nestern anderer Bienen.

2 Langhornbiene

Eucera longicornis
(Bienen)

Kennzeichen: 12–15 mm. Die Männchen haben auffallend lange, die Weibchen normale Fühler. Die Beine sind sehr stark behaart.
Verbreitung: Fast ganz Europa, allerdings nur inselartig.
Lebensraum: Bevorzugt Trockenrasen mit spärlicher Vegetation, sonnenbeschienene Hänge mit sandigem Untergrund; nicht häufig.
Lebensweise: Die Imago erscheint oft schon im Mai auf Wicken und Ochsenzunge. Die Nester werden einzeln in den Boden gegraben, wobei der Hauptgang senkrecht ins Erdreich angelegt wird. Davon führen seitlich einzelne Zellen weg, welche das Weibchen mit Pollen und Nektar füllt und dort jeweils ein Ei ablegt.

3 Holzbiene

Xylocopa violacea
(Bienen)

Kennzeichen: 20–28 mm. Blauschwarz glänzend, die Flügel mit auffallendem Blauschiller. Die geknickten Fühler sind bei den Männchen vor der Spitze gelbbraun gefärbt.
Verbreitung: Eine südeuropäische Art, die in Mitteleuropa ihre nördliche Verbreitungsgrenze erreicht.
Lebensraum: Bevorzugt sonniges Ödland mit abgestorbenen Holz als Nistmöglichkeit.
Lebensweise: Männchen und Weibchen verpaaren sich nach der Überwinterung im folgenden Frühjahr. Ab April/Mai beginnt das Weibchen mit dem Nestbau, indem es einen bis zu 30 cm langen Gang in einen dürren Ast oder auch in Balken oder Pfähle nagt. Dieser Gang wird in einzelne Kammern aufgeteilt, deren Scheidewände aus mit Speichel verklebten Holzspänen hergestellt sind. Die Kammern werden randvoll mit Pollen und einem Ei gefüllt.

1

2

3

1 Seidenbiene

Colletes cunicularius
(Bienen)

Kennzeichen: 13–15 mm. Seidenbienen sind dicht behaart und besitzen nur einen kurzen Rüssel. Die Brust der beschriebenen Art ist pelzig rotbraun behaart.
Verbreitung: In weiten Teilen Europas.
Lebensraum: In Mitteleuropa auf sandigen, wenig bewachsenen Flächen, v. a. in Sandgruben, Flußtälern und küstennahen Bereichen.
Lebensweise: Die Art tritt schon sehr früh im Jahr, von März bis Mai auf und gräbt ihre mehrzellige Niströhre in lockerem Sandboden. Die Brutzellen werden mit erhärtendem Speichel ausgekleidet, der die Zellen mit einer seidenartigen Schicht überzieht Der Pollen (hauptsächlich von Weidenarten) wird mit den Hinterbeinen gesammelt.

2 Sandbiene

Andrena vaga
(Bienen)

Kennzeichen: 13–14 mm. Auch die Sandbienen sind lang behaarte Bienen mit nur kurzem Saugrüssel. Die Behaarung auf Kopf und Brust ist weißgrau, sonst meist schwarz; an der Basis der Hinterbeine sitzt eine auffallende »Hüftlocke« (gebogenes Haarbüschel).
Verbreitung: In ganz Mitteleuropa.
Lebensraum: Offene Stellen mit sandig-lehmigen Böden entlang von Flußtälern.
Lebensweise: Wie bei den Seidenbienen werden keine Staaten gebildet, oft nisten aber mehrere Weibchen gesellig auf engem Raum. Auf einem Quadratmeter finden sich manchmal bis zu 50 Nester. Diese mehrzelligen Nester bestehen aus einem Hauptgang, der bis über 50 cm in die Tiefe gegraben wird und sich am Ende in mehrere Seitenäste verzweigt. Diese werden durch rundliche Erweiterungen, die Brutzellen, abgeschlossen. Um den Eingang wird der Sand zu einem auffälligen Haufen aufgetürmt.

3 Wiesenhummel

Bombus pratorum
(Bienen)

Kennzeichen: 9–17 mm. An der Brust vorne und am Hinterleib mit je einer gelben Binde; die letzten drei Hinterleibssegmente sind rot behaart.
Verbreitung: Fast ganz Europa.
Lebensraum: Meist in offenem Gelände, in Wiesen, Gärten, im Buschland und an Waldrändern.
Lebensweise: Die überwinterten Jungköniginnen erscheinen schon recht früh im Jahr, oft bereits Anfang März; zu diesem Zeitpunkt kann auch schon die Nestgründung erfolgen. Die Wiesenhummel gehört zu den kurzrüsseligen Hummelarten, die den Pollen in Wachstöpfen oder leeren Kokons deponieren. Zur Ernährung der heranwachsenden Larven werden die Larvenwiegen immer wieder geöffnet und mit Pollen versorgt. Das maximal 120 Tiere umfassende Volk geht spätestens im Juli zugrunde.

1

2

3

1 Erdhummel

Bombus terrestris
(Bienen)

Kennzeichen: 14–23 mm. Vorne auf der Brust und auf dem zweiten Hinterleibssegment verläuft eine gelbe Binde. Die Grundfarbe der Behaarung ist schwarz; die letzten beiden Hinterleibssegmente sind weiß behaart.
Verbreitung: In ganz Europa.
Lebensraum: Offene Lebensräume, auch lichte Wälder; überall häufig.
Lebensweise: Das Nest wird bevorzugt in tief in der Erde liegenden, verlassenen Mäusenestern angelegt, so daß es vor Frühjahrsfrost geschützt ist. Die Nester der Erdhummel gehören mit zu den größten Hummelnestern, ein Staat kann bis zu 600 Individuen umfassen. Die Bestimmung, ob eine Larve sich zur Arbeiterin oder Königin entwickelt, erfolgt in den ersten drei bis vier Lebenstagen der Larven. Die Königin gibt einen Stoff ab, der die Entwicklung fruchtbarer Weibchen hemmt und somit Arbeiterinnen entstehen läßt. Wird dieser Stoff nicht beigegeben (ist oft bei älteren Königinnen der Fall), dauert die Larvenentwicklung länger und bringt große Königinnen hervor. Bei den Erdhummeln betreiben die Arbeiterinnen manchmal Kannibalismus und versuchen, die Eier der Königin zu erbeuten und zu fressen.
Interessantes: Auch die Erdhummel gehört zu den wichtigen Bestäubern verschiedenster Pflanzen; in den Bergen hängt die Ernte von Himbeeren, Heidel- und Preiselbeeren im wesentlichen von Vorkommen und Dichte dieser Art ab. Sie gehört zu den kurzrüsseligen Hummelarten, die dadurch nicht an Blüten mit tiefliegendem Nektar herankommen. Um trotzdem an den Nektar zu gelangen (»Nektarraub«), stechen sie den Blütenkelch seitlich an oder nagen ihn mit den Kiefern auf.

2 Gartenhummel

Bombus hortorum
(Bienen)

Kennzeichen: 18–24 mm. In der Färbung recht variabel, meist mit drei gelben Ringen auf Brust und Hinterleib; die Körperunterseite ist hellgelb; der Kopf auffallend lang.
Verbreitung: Fast ganz Europa.
Lebensraum: Auf offenen Flächen, Buschland und Waldränder; im Gebirge bis über 2000 m.
Lebensweise: Mit ihrem fast körperlangem Rüssel erreichen die Gartenhummeln auch tiefer liegenden Nektar von Blüten, die von den anderen Hummeln mit kürzerem Rüssel nicht aufgesucht werden. Sie sind dabei wichtige Bestäuber von Obstbäumen und Klee. Nach der Überwinterung kann man die Weibchen schon sehr zeitig im Frühjahr beobachten. Sie legen ihr mit Moos ausgepolstertes Nest bervorzugt unter der Erdoberfläche an.
Interessantes: Alle Hummelstaaten gehen spätestens im Herbst zugrunde. Dies liegt an den Witterungsbedingungen, dem verringerten Futterangebot und der Tatsache, daß unsere einheimischen Arten keine Vorräte anlegen können.

1

2

1 Köcherfliege

Trichoptera sp.
(Köcherfliegen)

Kennzeichen: 4–60 mm. Die Flügel der Imagines sind meist fein und anliegend, seltener abstehend behaart und werden in Ruhestellung dachförmig über dem Rücken getragen. Die vielgliedrigen Fühler sind meist länger als der Körper und werden nach vorne gestreckt.
Verbreitung: Weltweit; etwa 300 Arten in Mitteleuropa.
Lebensraum: Meist in der Nähe verschiedenster Gewässer.
Lebensweise: Die mäßig entwickelten Mundteile der Imagines sind nur zum Auflecken von Flüssigkeiten (Nektar, Wasser) geeignet, viele Arten nehmen gar keine Nahrung auf. Stunden oder Tage nach der Begattung erfolgt die Eiablage in meist arttypischen Gelegen. Die Larven leben hauptsächlich am Gewässergrund und ernähren sich von verschiedenen Kleinorganismen. Ein Köcher hüllt den Körper der Larve schützend ein; während des Wachstums wird er fortlaufend vergrößert. Diese Larvenköcher sind artspezifisch und werden nicht nur aus Steinchen, sondern auch aus Holz- und Blattstückchen oder leeren Schneckengehäusen gebaut.

Die Larve einer Köcherfliege mit Köcher aus Steinchen.

2 Schnake

Tipula sp.
(Schnaken)

Kennzeichen: 15–30 mm. Mittelgroße bis große Mücken mit auffallend langen Beinen und vorgezogener Mundpartie. Gut ausgebildetes Vorderflügelpaar; die Hinterflügel sind zu deutlich sichtbaren Schwingkölbchen (*Halteren*) reduziert.
Verbreitung: Fast ganz Europa.
Lebensraum: Wiesen, feuchte Täler, Waldlichtungen, Gärten und Parks.
Lebensweise: Schnaken sind nichtstechende Mücken und können mit ihren Mundwerkzeugen nur Wasser oder offene Pflanzensäfte saugen. Ihre Larven leben im Boden, wo sie sich von verschiedensten Pflanzenteilen, v. a. Wurzeln ernähren und dadurch bei Massenvorkommen schädlich werden können.
Interessantes: Die langen und dünnen Beine der Schnaken können an vorgebildeten Stellen leicht abbrechen, was wahrscheinlich oft die letzte Rettung vor den zahlreichen Freßfeinden (Vögel, Fledermäuse, Spinnen, räuberische Insekten) ist.

1

2

1 Winterhaft

Boreus westwoodi
(Schnabelhafte)

Kennzeichen: 30–40 mm. Auf dem ersten Blick einer Grillen- oder Heuschreckenlarve ähnlich. Der Vorderkopf ist schnabelartig verlängert; mit den langen Hinterbeinen können sich die Tiere springend fortbewegen. Die Flügel sind stark zurückgebildet.
Verbreitung: Ganz Europa.
Lebensraum: An windgeschützten Waldlichtungen, Waldrändern und in Parklandschaften.
Lebensweise: Winterhafte ernähren sich vorwiegend von Moos, gelegentlich auch von zerfallenden tierischen Substanzen. Bei der Paarung packt das Männchen das Weibchen mit seinen Genitalzangen an einem Bein und klemmt es unter sich. Der Griff um das Bein wird gelöst und die Geschlechtsteile vereinen sich fest, oft tagelang. Die Eier werden einzeln in die oberste Bodenschicht abgelegt.

2 Skorpionsfliege

Panorpa communis
(Schnabelhafte)

Kennzeichen: Spannweite 25 bis 30 mm. Von den Skorpionsfliegen gibt es in Mitteleuropa fünf Arten, die sich durch den schnabelartig nach unten ausgezogenen Kopf auszeichnen. Das typische, skorpionsähnliche Begattungsorgan am Ende des Hinterleibes besitzen nur die Männchen.
Verbreitung: Ganz Europa.
Lebensraum: Im Unterholz von Bachrändern, in feuchten Laubmischwäldern, auch in Gärten und Parks.
Lebensweise: Zur Paarung locken die Männchen mit Sexuallockstoffen die Weibchen an und bieten ihnen eine Lockspeise dar. Während das Weibchen diese verzehrt, wird es vom Männchen am Hinterleib mit der Kopulationszange umfaßt.
Interessantes: Die Larven können sich mit vier lappenartigen Gebilden am Hinterleibsende auf dem Untergrund festheften und sich senkrecht aufrichten.

3 Gemeine Stechmücke

Culex pipiens
(Stechmücken)

Kennzeichen: 3,5–5 mm. Zarte, langbeinige Mücke mit dreilappigem Schildchen und glasigen Flügeln; breite Haftlappen sitzen auch zwischen den Fußgliedern.
Verbreitung: Weltweit.
Lebensraum: Überall, wo ein geeignetes Larvenbiotop (bereits eine Regentonne genügt) vorhanden ist, z. B. stehende Gewässer aller Art.
Lebensweise: Die männlichen Imagines saugen Pflanzensäfte, die Weibchen brauchen zur Eireifung eine Blutmahlzeit. Die wasserlebenden Larven ernähren sich von kleinen Algen und winzigen Wassertieren.
Interessantes: Beim zwei bis drei Minuten dauernden Blutsaugen kann das zweifache des Körpergewichtes aufgenommen werden. Der bald nach dem Stich einsetzende Juckreiz wird wahrscheinlich durch im Speichel enthaltene Histamine verursacht.

1

2

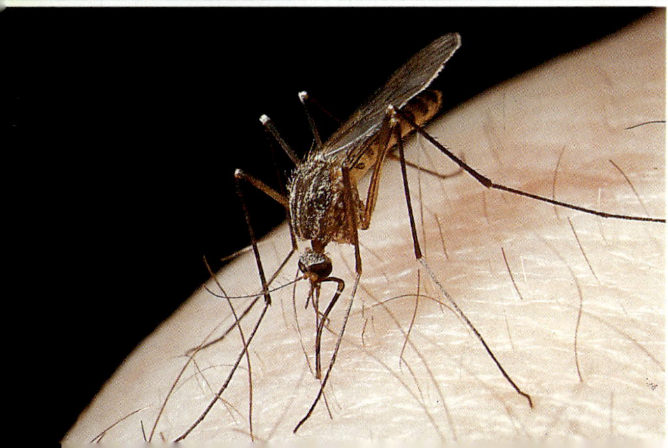
3

1/2 Zuckmücke

Chironomus sp.
(Zuckmücken)

Kennzeichen: 2–15 mm. Die Brust ist stark buckelig vorgewölbt; die Flügel sind kürzer als der Körper. Die Männchen tragen stark gefiederte Fühler; ein zum Blutsaugen geeigneter Stechrüssel fehlt beiden Geschlechtern.
Verbreitung: Weltweit; in Mitteleuropa über 1000 Arten.
Lebensraum: In Ufernähe verschiedenster Gewässer.
Lebensweise: Erwachsene Zuckmücken nehmen keine Nahrung auf und leben meist nur wenige Tage. Zur Paarung bilden die Männchen oft riesige Schwärme, zu denen dann die Weibchen stoßen. Die Eiablage erfolgt kurz danach auf die Wasseroberfläche. Die wurmförmigen, meist rot gefärbten Larven (Bild 2) leben im Bodenschlamm der Gewässer und weiden die Algen am Grund ab.
Interessantes: Die Larven dieser Gattung haben am Körperende zwei Paar sog. Analschläuche (*Tubuli*), die man lange Zeit für Atmungsorgane hielt; tatsächlich dienen sie der Ionenaufnahme aus dem Wasser. Zuckmücken-Larven stellen eine wichtige Nahrungsquelle für Fische und Wasservögel dar.

3 Chamäleonfliege

Stratiomys chamaeleon
(Waffenfliegen)

Kennzeichen: 14–16 mm. Gelb-schwarz gefärbt; der breite, flache Hinterleib ragt seitlich weit über die flach zusammengelegten Flügel hinaus. Am Ende des Brustabschnittes waffenartige Dornen.
Verbreitung: Von Süditalien bis Südskandinavien.
Lebensraum: Wiesen, Gärten, Waldlichtungen und Parklandschaften; besonders auf Doldenblüten.
Lebensweise: Die bis zu 50 mm langen Larven leben im Wasser und hängen kopfunter mit dem Haarkranz ihres Atemrohres an der Wasseroberfläche. Hängend oder abgesunken weiden sie den Algenaufwuchs auf Steinen und Wasserpflanzen ab. Die Verpuppung erfolgt in der letzten Larvenhaut, die entweder auf der Wasseroberfläche schwimmt oder im Ufergestrüpp zu finden ist.

Vor dem Schlüpfen treiben die Puppen der Zuckmücken an die Wasseroberfläche. Die Haut platzt am Rücken auf, und die erwachsene Mücke schlüpft.

1

2

3

1 Regenbremse

Haematopota pluvialis
(Bremsen)

Kennzeichen: 8–12 mm. Flügel weiß gefleckt und gebändert. Die Hinterschienen ohne Endsporne.
Verbreitung: Fast ganz Europa.
Lebensraum: V. a. Gewässernähe.
Lebensweise: Während die Männchen nur Nektar und Pflanzensäfte saugen und nicht stechen, sind die Weibchen Blutsauger an Mensch und Säugetieren. Die Blutmahlzeit ist für die Eientwicklung notwendig. Die Orientierung erfolgt dabei optisch, der Anflug ist geräuschlos, der Einstich schnell und schmerzhaft. Die Stichwunde blutet oft kurz nach, da über den Speichel ein blutgerinnungshemmender Stoff abgegeben wird. Die Eiablage erfolgt in geschichteten Paketen an Pflanzen in Gewässernähe. Die Larven leben im Wasser und gehen zur Verpuppung aber an Land.

2 Rinderbremse

Tabanus sudeticus
(Bremsen)

Kennzeichen: 18–25 mm. Körper kräftig, Brust mit Längsstreifen, der Hinterleib mit hellen, deutlichen Dreiecken. Die Unterscheidung der etwa 40 *Tabanus*-Arten ist allerdings nicht einfach. Gemeinsam ist ihnen der sehr breite Kopf und die leicht dachförmige Flügelhaltung in Ruhestellung.
Verbreitung: Ganz Europa, außer im Norden.
Lebensraum: Nahezu immer auf Viehweiden in Gewässernähe und offenen Wäldern.
Lebensweise: Wie bei den Stechmücken brauchen die Weibchen für die Eientwicklung eine Blutnahrung; die blütenbesuchenden Männchen sind Nektarsauger.
Interessantes: Rinderbremsen sind geschickte Flieger; ihr Stich erfolgt schnell, indem sie ihre messerscharfen Mundwerkzeuge in die Haut von Rindern und Pferden rammen. Bis zu 1 cm^3 Blut wird so aus der großen Stichwunde abgezapft.

3 Mordfliege

Laphria marginata
(Raubfliegen)

Kennzeichen: 9–20 mm. Fühler mit langer Endborste; Hinterleibssegmente mit kräftigen Borsten vor dem Hinterrand. Beine und Brust gelb behaart.
Verbreitung: Fast ganz Europa.
Lebensraum: An Waldrändern, auf Waldwegen und sonnigen Lichtungen, besonders in Eichenwäldern.
Lebensweise: Raubfliegen machen an sonnigen Tagen Jagd auf andere Zweiflügler, Hautflügler, aber auch Käfer, Wanzen und Zikaden. Die Beute wird, oft von einer erhöhten Warte aus, im Stoßflug mit den Vorderbeinen ergriffen.
Interessantes: Der speziell ausgebildete Stechrüssel kann auch feste und dicke Chitinpanzer durchstoßen. Mit dem Speichel wird ein Gift abgegeben, welches das Beutetier lähmt.

1

2

3

1 Stubenfliege

Musca domestica
(Echte Fliegen)

Kennzeichen: 7–9 mm. Kein Stechapparat. Augen beim Männchen aneinanderstoßend, beim Weibchen nicht.
Verbreitung: Weltweit. Kulturfolger.
Lebensraum: Überall in der Nähe des Menschen, Gebäude, Müllkippen.
Lebensweise: Die Larven (Maden) leben in allen möglichen verwesenden Stoffen, v.a. in Exkrementen von Haustieren. In einem Kilogramm Schweinemist können sich bis zu 15 000 Larven entwickeln. Sie verpuppen sich in den tönnchenförmigen Hüllen ihrer letzten Larvenhaut (Tönnchenpuppe). Bis zu fünf Generationen (in Ställen 10–15) können sich im Jahr entwickeln.
Interessantes: Durch das Hin- und Herfliegen zwischen Infektionsquellen (Exkremente, Lebensmittelabfälle, faulende und verwesende Stoffe) und menschlichen Behausungen können gefährliche Krankheitskeime (v. a. Magen- und Darmerkrankungen, in wärmeren Gebieten auch Amöbenruhr) übertragen werden. An der Körperoberfläche der Fliege können mehrere Millionen Bakterien sitzen.

2 Graue Fleischfliege

Sarcophaga carnaria
(Fleischfliegen)

Kennzeichen: 8–16 mm. Graue Fliege mit schachbrettartiger Zeichnung auf dem Hinterleib. Die Brustschuppen sind groß und reichen bis zum Schildchen.
Verbreitung: In großen Teilen Europas und Afrikas.
Lebensraum: Sehr häufig in menschlichen Siedlungen, vielfach auch auf Misthaufen; sonst gerne an stark duftenden Blüten.
Lebensweise: Die Graue Fleischfliege ist ein Parasit an Regenwürmern. Das Weibchen legt die Eier mit den reifen, schnellschlüpfenden Larven in den Eingängen von Regenwurm-Löchern oder deren Kothaufen ab. Die Larven dringen häufig am Drüsengürtel des Regenwurms ein und sind in wenigen Tagen erwachsen; der Wirt geht dabei zugrunde. Die Eiablage erfolgt aber auch auf verdorbenem Fleisch. Bei hohen Außentemperaturen verpuppen sich die weißen Maden schon nach einer Woche, so daß mehrere Generationen im Jahr möglich sind.

In den tönnchenförmigen Puppen findet die Umwandlung zur voll entwickelten Stubenfliege statt.

1

2

1 Goldfliege

Lucilia caesar
(Schmeißfliegen)

Kennzeichen: 8–12 mm. Brust und Hinterleib metallisch grün glänzend, Augen nackt, Wangen silbrig.
Verbreitung: Fast ganz Europa.
Lebensraum: In der Kulturlandschaft, besonders häufig in Siedlungen, bevorzugt auf Exkrementen von Tier und Mensch, auf Kadavern, im Faulschlamm, aber auch auf stark duftenden Blüten und Pilzen (Stinkmorcheln).
Lebensweise: Die Larven der Goldfliege treten gelegentlich auch als Wundparasiten beim Menschen und anderen Warmblütern auf. Ihre Entwicklung läuft sehr schnell ab, mehrere Generationen pro Jahr können aufeinanderfolgen.
Interessantes: Eine verwandte Art, die weltweit verbreitete *L. sericata,* wird als Erreger der Schaf-Myasis angesehen, die Gewebeschädigungen verursacht.

2 Fruchtfliege

Drosophila sp.
(Taufliegen)

Kennzeichen: 1–5 mm. Vorderkörper meist gelb bis gelbbraun gefärbt, mit großen Flügeln; die Augen oft rot, der Hinterleib geringelt.
Verbreitung: Weltweit.
Lebensraum: Überall, wo gärendes Obst liegt oder Flüssigkeiten in Gärung übergehen.
Lebensweise: Die Entwicklungszeit kann bei günstigen Temperaturverhältnissen nur zwei Wochen dauern: Männchen und Weibchen treffen auf vergärendem Obst zusammen, zeigen eine ausgeprägte Balz, bei der sie mit dem ganzen Körper und den Flügeln rhythmische Tänzelbewegungen vollführen und sich paaren. Das Weibchen kann bis zu 400 Eier legen.
Interessantes: Aufgrund der hohen Vermehrungsrate und der kurzen Entwicklungszeit sind die Fruchtfliegen die »Haustiere« der Genetiker und Vererbungswissenschaftler.

3 Schnepfenfliege

Rhagio sp.
(Schnepfenfliegen)

Kennzeichen: 7–14 mm. Die Schnepfenfliegen der Gattung *Rhagio* besitzen im Gegensatz zu allen anderen Vertretern dieser Familie zwei Sporne an den Hinterschienen (ansonsten ein oder gar kein Sporn).
Verbreitung: Ganz Europa.
Lebensraum: Wiesen, Gärten, Parks und Siedlungen.
Lebensweise: Über die Biologie der meisten Schnepfenfliegen ist noch sehr wenig bekannt. Meist sitzen sie in Lauerstellung mit dem Kopf nach unten, in schräger Körperhaltung und mit leicht geöffneten Flügeln auf Baumstämmen, Pfosten und an Hauswänden. Ob die Lauerstellung auf eine räuberische Lebensweise schließen läßt, ist fraglich. Möglicherweise nehmen die Tiere als Nahrung nur Wasser, Pflanzensäfte und Honigtau auf. Die Larven ernähren sich von zerfallenden pflanzlichen und tierischen Stoffen, z. T. auch räuberisch von Regenwürmern.

1

2

3

1 Gemeine Winterschwebfliege

Episyrphus balteatus
(Schwebfliegen)

Kennzeichen: 10–11 mm. Hinterleib mit typisch schwarzgelber Zeichnung, Fühler rotgelb, Stirn schwarz behaart.
Verbreitung: Europa, Asien und Nordamerika; in Mitteleuropa eine der häufigsten Schwebfliegen.
Lebensraum: Wiesen, Parks, Gärten, Siedlungen; auf Doldenblüten oft in großer Zahl.
Lebensweise: Die lange Flugzeit der Gemeinen Winterschwebfliege dauert von März bis Oktober (die Weibchen überwintern). Die fast durchsichtigen Larven sind wichtige Blattlausvertilger, gehen bei Nahrungsmangel aber auch an Blattwespenlarven.
Interessantes: Schwebfliegen können wie Hubschrauber in der Luft stillstehen; ermöglicht wird dies durch eine sehr hohe Flügelschlagfrequenz (etwa 300 Hz). Bei den blitzschnellen Ortswechseln erreichen sie das ein- bis vierfache der Erdbeschleunigung.

2 Gemeine Waldschwebfliege

Volucella pellucens
(Schwebfliegen)

Kennzeichen: 12–16 mm. Der Schwarze Hinterleib am Ansatz weißlich gefärbt, Stirn rotgelb; Augen beim Männchen dicht und lang behaart, beim Weibchen nackt.
Verbreitung: Europa, Sibirien, Japan.
Lebensraum: Auf Waldwegen, an Waldrändern und -lichtungen, auch in Gärten und Parkanlagen.
Lebensweise: Die Gemeine Waldschwebfliege ahmt in Aussehen sowie im Verhalten die Erdhummel nach und paßt sich auch an evtl. auftretende Farbvarianten an. Während der Flugzeit von Mai bis August werden die verschiedensten Blüten besucht. Die Larven leben in Hummel- und manchmal auch in Wespennestern, wo sie sich wahrscheinlich von Abfall ernähren, gelegentlich aber auch an den Larven ihrer Wirte fressen. Die Verpuppung und Überwinterung finden ebenfalls im Hummelnest statt.

3 Hummelschwebfliege

Volucella bombylans
(Schwebfliegen)

Kennzeichen: 11–15 mm. Eine ausgesprochen hummelähnliche Schwebfliege, mit rotgelb gefärbten Brust- und Hinterleibspartien und pelziger, dichter Behaarung.
Verbreitung: Europa, Sibirien, Zentralasien.
Lebensraum: In Wäldern, Waldlichtungen und -rändern auf besonnten Blättern und Blüten.
Lebensweise: Die Nachahmung der Steinhummel ist so perfekt, daß nicht nur Menschen auf diese Schwebfliege »hereinfallen«, sondern sich sogar die Hummeln selbst täuschen lassen. Die Eiablage erfolgt in die Nähe der Nester, die von den Junglarven aktiv aufgesucht werden. Die Larven sind »Mitesser«, die sich von Abfall und toten Hummeln ernähren.

1

2

3

1 Mistbiene

Eristalis tenax
(Schwebfliegen)

Kennzeichen: 12–15 mm. Eine bienenähnliche, plumpe Art mit schwarzem, rotgelb gebändertem Hinterleib. Die Füße der Vorderbeine sind schwarz; die Fühlerborste ist nicht gefiedert.
Verbreitung: Weltweit.
Lebensraum: Ein Kulturfolger, der in allen Biotopen anzutreffen ist, v. a. auf Misthaufen, Dung und in Ställen.
Lebensweise: Die meist in Jauche oder sehr stark verschmutzten, sauerstoffarmen Gewässern lebenden Larven atmen mit einem langen Rohr am Hinterleibsende, was ihnen den Namen »Rattenschwanzlarven« verlieh. Dieses bis zu 40 mm lange Atemrohr ist dreiteilig, weit in den Körper einziehbar. Die Larven filtern die nährstoffreiche Brühe und tragen so zu einer gewissen Klärung von Abwässern bei.

2 Gemeine Sumpfschwebfliege

Helophilus pendulus
(Schwebfliegen)

Kennzeichen: 8–14 mm. Brust mit vier gelben Längsstreifen, der schwarze Hinterleib trägt eine ausgedehnte, gelbrote Zeichnung; die Beine sind schwarz und rotgelb, die Fühler schwarz.
Verbreitung: Von Europa bis Sibirien.
Lebensraum: In fast allen Biotopen, v. a. in Wäldern und auf Wiesen.
Lebensweise: Die Gemeine Sumpfschwebfliege besucht von April bis September Blüten und Blätter zahlreicher Blumen und Sträucher (u. a. Bärenklau, Wiesenkerbel, Brombeere und Himbeere, Weißdorn, Faulbaum). Die Larven leben in Wasseransammlungen und zwischen Pflanzenmaterial.

3 Große Schwebfliege

Syrphus ribesii
(Schwebfliegen)

Kennzeichen: 9–13 mm. Mit ihrem auffällig gelb-schwarz geringelten Hinterleib erinnert diese Schwebfliege an eine Wespe und täuscht somit eine Gefährlichkeit vor.
Verbreitung: Fast weltweit.
Lebensraum: In vielen Biotopen, v. a. Wiesen, Felder, Waldränder; eine der häufigsten Schwebfliegen.
Lebensweise: Die Larven der Großen Schwebfliege sind sehr nützliche Blattlausvertilger, die während ihrer kurzen (zwei- bis dreiwöchigen) Entwicklungszeit mehrere hundert Blattläuse mit ihrem Mundhaken aufspießen und anschließend aussaugen. In Abhängigkeit von den klimatischen Bedingungen können sich zwei oder drei Generationen pro Jahr entwickeln.
Interessantes: Schwebfliegen-Larven sind gegenüber Insektiziden sehr empfindlich, so daß ihnen eine chemische Blattlausbekämpfung mehr schadet als den Blattläusen selbst.

1

2

3

1 Haarmücke

Bibio sp.
(Haarmücken)

Kennzeichen: 8–13 mm. Haarmücken sind fliegenähnliche, stark behaarte und düster gefärbte Mücken.
Verbreitung: Ganz Europa.
Lebensraum: An Waldrändern, in Parks und Gärten; oft in Gewässernähe.
Lebensweise: Die Haarmücken tauchen oft in ganzen Scharen auf, dabei fallen die auf- und abtanzenden Männchen durch ihre lang herabhängenden Hinterbeine auf. Dieser »Hochzeitstanz« dient der Geschlechterfindung, die Paarung erfolgt im Flug. Die Eier werden meist in lockeren, gut humushaltigen Böden abgelegt; bei manchen Arten einzeln, bei anderen in Gelegen bis zu 300 Stück. Die raupenähnlichen und mehr oder weniger stark behaarten Junglarven leben oft gesellig und überwintern in den oberen Bodenschichten (sie sind wenig frostempfindlich) sowie im Wald unter Falllaub oder in morschen Baumstubben. Sie ernähren sich von faulenden Pflanzenteilen und sind dadurch wichtige Humusbildner. Bei Massenauftreten können sie nach der Überwinterung durch Fraß an den Wurzeln von Kulturpflanzen schädlich werden. Möglicherweise wird dies auch durch zu geringe Feuchtigkeit ausgelöst. Die Imagines ernähren sich von Nektar und Honigtau und haben eine gewisse Bedeutung als Blütenbestäuber von Nutzpflanzen.

2 Wollschweber

Bombylius sp.
(Wollschweber)

Kennzeichen: 4–12 mm. Dicht behaart und hummelähnlich, oft mit sehr langem Rüssel.
Verbreitung: Ganz Europa.
Lebensraum: Wiesen, Gärten, Parks, Waldränder und -lichtungen.
Lebensweise: Wollschweber sind sehr geschickte Flieger, die ihre Hinterbeine während des Fluges nach hinten oben gestreckt halten, während die Vorder- und Mittelbeine nach vorne gerichtet sind. Sie können kolibriartig vor einer Blüte stehen und mit dem langen Rüssel Nektar saugen; oft stützen sie sich dabei mit den Vorderbeinen ab. Männchen und Weibchen finden sich auf recht verschiedene Weise an bestimmten Blüten, nach einem Verfolgungsflug durch das Männchen oder an der Stelle, wo die Weibchen ihre Eier ablegen. Nach der Paarung werden die Eier oft gezielt aus dem Flug in die Nähe der Nester des Larvenwirtes abgeworfen. Die Junglarven sind sehr beweglich und entwickeln sich parasitisch in den Nestern solitärer Bienen und Wespen. Zuerst wird der für die Wirtslarve bereitgestellte Proviant aufgefressen, dann saugt die nach der Häutung madenartige Wollschweberlarve die Wirtslarve selbst aus. Die überwinternde Larve verpuppt sich im nächsten Jahr; die mit Dornen und Borsten versehene Puppe ist in der Lage, sich aus dem Nest zur Erdoberfläche hinaufzuarbeiten.

1

2

1 Lausfliege

Hippoboscidae sp.
(Lausfliegen)

Kennzeichen: 3–9 mm. Die langbeinigen Lausfliegen sind abgeplattet und derbhäutig. Neben geflügelten Arten gibt es Lausfliegen mit verkürzten oder gar keinen Flügeln.
Verbreitung: Weltweit.
Lebensraum: Außenparasiten auf Säugetieren und Vögeln.
Lebensweise: Lausfliegen verankern sich mit den mit großen Krallen versehenen kräftigen Beinen auf ihren Wirten. Ihr Darm ist nicht als Blutspeicher geeignet, so daß die Lausfliegen öfters auf eine Blutmahlzeit angewiesen sind; die Schaflausfliege saugt z. B. mehrmals täglich. Da diese Blutnahrung sehr vitaminarm ist, sind in jeder Lausfliege symbiontische Mikroorganismen vorhanden, die diese lebenswichtigen Stoffe liefern. Sie werden noch im Mutterleib auf die Larven übertragen. Die Larven entwickeln sich im Mutterleib sehr weit und werden verpuppungsreif geboren.
Interessantes: Gelegentlich saugen Lausfliegen auch an Menschen

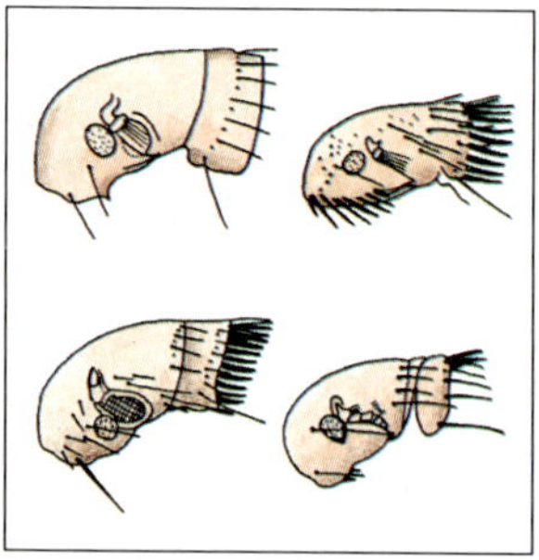

2 Katzenfloh

Ctenocephalides felis
(Flöhe)

Kennzeichen: 1,5–3,2 mm. Kopf (von der Seite gesehen) doppelt so lang wie hoch. Der erste Zahn des Kopfkammes ist fast so lang wie der zweite; beim Hundefloh (*C. canis*) etwa nur halb so lang; Kopf hochrückiger.
Verbreitung: Weltweit.
Lebensraum: Als schmarotzende Blutsauger auf Warmblütern; so ist der Hauptwirt des Katzenflohs die Hauskatze; Hunde, Mäuse, Ratten und Kaninchen kommen als Nebenwirte in Frage.
Lebensweise: Schon kurze Zeit nach dem Blutsaugen geben die Flöhe Kottröpfchen ab, die zuerst aus verdautem Blut, später auch aus unverdautem Wirtsblut bestehen, was den Larven als Nahrung dient.
Interessantes: Katzen- und Hundefloh saugen oft auch am Menschen, werden aber selten zu einer ernsthaften Plage. Beide Floharten sind Überträger des Gurkenkern-Bandwurmes (*Dipylidium caninum*). Die Bandwurmeier werden von der Flohlarve aufgenommen; das Finnenstadium bildet sich im Floh aus und wird bei der Fellpflege vom Endwirt verschluckt.

Die Köpfe verschiedener Floharten: Menschenfloh (oben links), Hundefloh (oben rechts), Vogelfloh (unten links) und Igelfloh (unten rechts).

1

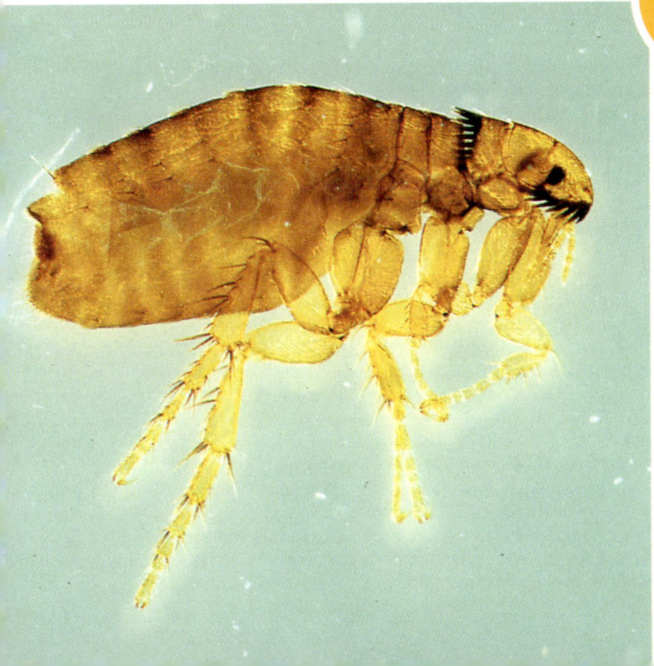

2

Kleine Insektenkunde

Der Artenreichtum der Gliederfüßer (*Arthropoda*), zu denen auch die Insekten gehören, beruht auf einer über 500 Millionen Jahre dauernden Evolution, die auch heute noch nicht abgeschlossen ist. In den tropischen Regionen der Erde rechnen Wissenschaftler noch mit 10–30 Millionen neu zu entdeckenden Gliederfüßern. Allerdings muß sich die Wissenschaft beeilen, will sie diesen verborgenen Schatz noch heben. Die Abholzung der großen Regenwaldgebiete, die globale Luftverschmutzung sowie Vergiftung der Böden und Gewässer nehmen immense Ausmaße an. Insekten haben äußerst erfolgreiche Besiedelungsstrategien selbst für die extremsten Lebensräume entwickelt, zerstört man diese, so haben sie keine Überlebenschancen.
In Anpassung an die verschiedensten Biotope hat sich bei den Gliederfüßern eine enorme Formenvielfalt herausgebildet, welche den Wissenschaftlern die Grundlage zur Einteilung in über 30 verschiedene Ordnungen bietet. Trotz der unterschiedlichen Äußerlichkeiten liegt dieser Tierklasse ein einheitlicher Bauplan zugrunde, der im wesentlichen auf der Dreigliederung des Insektenkörpers in **Kopf**, **Brust** und **Hinterleib** basiert. Daneben treffen natürlich auch alle Merkmale des Tierstammes Gliederfüßer, dem die Insekten angehören, auf diese Klasse zu: gegliederte Extremitäten (Beine, Fühler, Mundwerkzeuge), ein panzerartiges Außenskelett aus Chitin und hochentwickelte Sinnesorgane (Komplex- oder Facettenaugen).

Der Kopf

Der kleinste der drei Körperabschnitte der Insekten trägt die Mundwerkzeuge, die Fühler (1 Paar; bei den Krebsen 2 Paar, bei den Spinnen sind sie vollständig reduziert) und die Augen. Kopfhaltung und Stellung der Mundwerkzeuge sind entweder nach vorne (*prognath*), gerade nach unten (*orthognath*) oder nach unten und hinten (*hypognath*) gerichtet. Der ursprünglichste Typ sind die kauend-beißenden Mundwerkzeuge (z. B. Käfer), die beispielhaft beschrieben werden sollen: Ein Paar kurze, kräftige Oberkiefer (*Mandibeln*) dienen mit ihren starken Muskeln zum Zerbeißen und Zerkauen der Nahrung. Die ebenfalls paarigen Unterkiefer (*Maxillen*) sind deutlich gegliedert und sitzen hinter den Mandibeln; sie werden zum Festhalten und Abtasten der Nahrung eingesetzt, denn an ihren fühlerartigen, langen Tastern sitzen zahlreiche Tast- und Geschmackssinnesorgane. Die unpaare Unterlippe (*Labium*) schließt den Mundraum nach hinten ab. Die basalen Teile sind verschmolzen, lediglich Zunge, Nebenzunge und die fühlerartigen Taster sind paarweise vorhanden. Die Vorderfront des Kopfes wird von der Oberlippe (*Labrum*) abgedeckt. Der saugende (z. B. Schmetterlinge), stechend-saugende (z. B. Wanzen, Mücken, Flöhe) und leckend-saugende (z. B. Fliegen) Typ lassen sich von diesen kauend-beißenden Mundwerkzeugen ableiten. Bei diesen Mundwerkzeugen bilden die einzelnen Bestandteile mehr oder weniger verschmolzene Röhren und Kanäle aus, die zum Saugen und Stechen geeignet sind.

Die Fühler der Insekten sind in Form, Länge und Gliederzahl sehr verschieden und bieten oft wichtige Unterscheidungsmerkmale für Arten und Geschlechter.
Die Komplex- oder Facettenaugen setzen sich aus vielen kleinen Sehkeilen (*Ommatidien*) zusammen, die ein mosaik- oder rasterartiges Gesamtbild liefern. Bei Libellen können die Komplexaugen aus bis zu 30 000 Einzelaugen bestehen. Die Komplexaugen von Fliegen und Bienen sind in der Lage, über 200 Einzeleindrücke in der Sekunde aufzunehmen, bei uns Menschen sind es nur etwa 20.

Die Brust

Sie ist für die Motorik zuständig und besteht aus 3 Segmenten. An jedem Segment sitzt ein Beinpaar (daher auch der Name *Hexapoda* = »Sechsbeiner« für die Insekten); bei den Spinnen sind es 4 Beinpaare. Beim geflügelten Insekt sitzt am mittleren und hinteren Brustsegment je ein Flügelpaar.
Das Laufbein ist der Grundtyp der Gliedmaßen. Es setzt mit der Hüfte (*Coxa*) am Körper an; auf einen kleinen Schenkelring (*Trochanter*) folgt der Schenkel (*Femur*); an diesem sitzt die lange, dünne Schiene (*Tibia*), gefolgt vom 1–5 gliedrigen Fuß (*Tarsus*). Entsprechend der Lebensweise gibt es viele Spezialbildungen (siehe Zeichnung Seite 160), die Schwimmen, Graben, Springen, Fangen oder Sammeln erlauben. Neben den primär flügellosen Insekten (Urinsekten) gibt es auch innerhalb der geflügelten Insekten eine Reihe von Arten, Familien und sogar Ordnungen, die keine Flügel haben (z. B. Läuse, Flöhe). Diese Flügellosigkeit ist allerdings sekundär. Bei den Zweiflüglern (*Diptera*) ist nur das 1. Flügelpaar ausgebildet, das ursprünglich vorhandene 2. Flügelpaar wurde zu sog. Schwingkölbchen (*Halteren*) reduziert. Bei den meisten Käfern und vielen Wanzen bilden die Vorderflügel mehr oder weniger feste Schutzdecken (*Elytren*) aus, die die darunterliegenden Brust- und Hinterleibsabschnitte schützen.

Der Hinterleib

Er besitzt keine Gliedmaßen, kann aber Anhänge (Schwanzfäden) tragen. Im Hinterleib befinden sich die Geschlechtsorgane, welche erst nach dem Abschluß der Larvalentwicklung funktionsfähig werden. Insekten sind meist getrenntgeschlechtlich, was man bei den Vollinsekten oft schon an den äußeren Körpermerkmalen (Größe, Form, Farbe) erkennen kann. Auch ein Großteil des Verdauungssystems und das Blutsystem befinden sich im Hinterleib. Beim Blutsystem handelt es sich um einen offenen Kreislauf, d. h., von einem im Rücken liegenden Schlauchherz wird das Blut frei in die Hohlräume des Körperinneren gepumpt. Beim anschließenden Erschlaffen weitet sich das Herzlumen und saugt über schlitzförmige, seitlich gelegene Öffnungen (*Ostien*) das Blut aus der Leibeshöhle an. So können alle Körperteile mit Nährstoffen versorgt sowie Exkrete und Kohlendioxid abtransportiert werden.
Für den Gasaustausch sorgt ein offenes Tracheensystem. Diese röhrenförmigen Tracheen durchziehen den gesamten Körper, sind vielfältig miteinander verbunden und öffnen sich nach außen über

sog. *Stigmen*. Sie sind sehr unterschiedlich gebaut, oft eingesenkt und besitzen reusenartige Gitter oder Membranen, um das Eindringen von Fremdkörpern (z. B. Staub, Pilze) zu verhindern. Die Stigmen können vielfach auch aktiv reguliert und ganz verschlossen werden (z. B. bei den Wasserinsekten). Die primär wasserbewohnenden Krebstiere sind Kiemenatmer; Landasseln sind sekundär zum Landleben übergegangen und haben zur Atmung atmosphärischer Luft zusätzliche Organe entwickelt. Es handelt sich um tracheenähnliche Einstülpungen an den Hinterleibsbeinen.

Vom Ei bis zum Vollinsekt

Die Entwicklung der Insekten läuft über eine Verwandlung (*Metamorphose*). Bei der *hemimetabolen Metamorphose* werden die Larven über mehrere Stadien dem Vollinsekt (*Imago*) immer ähnlicher; je älter die Larve ist, desto ähnlicher wird sie der Imago. Die *holometabole Metamorphose* unterscheidet sich durch das Vorhandensein einer *Puppe*, eines echten Ruhestadiums, in dem die vollständige Verwandlung zur Imago stattfindet. Die einzelnen Stadien Larve, Puppe und Imago ähneln sich nicht. Die Larve ist das eigentliche »Wachstumsstadium« der Insekten; durch Häutungen paßt sie sich an die zunehmende Körpergröße an. Das fertige Insekt wächst nicht mehr.

Insekt und Mensch

Die Anfänge eines der ältesten Haustiere – der Honigbiene – liegen bereits 7000 Jahre zurück. Wie Felszeichnungen belegen, befaßte sich schon der Steinzeitmensch mit der Honiggewinnung. Neben diesem unmittelbaren Nutzen wird die Honigbiene aber auch als Blütenbestäuber geschätzt. Man darf nicht vergessen, daß ohne die Bestäubung durch Hautflügler, Zweiflügler, Käfer, Schmetterlinge und viele andere Insekten zahlreiche Pflanzenarten nicht existieren könnten.
Viele räuberische Insekten sind dem Menschen ebenfalls indirekt nützlich, indem sie Eier, Larven, Puppen und Imagines aller möglichen den Menschen belästigenden oder schädigenden Insekten vertilgen (z. B.die blattlausfressenden Marienkäfer und Florfliegen).
Zahlreiche Insekten verrichten ihre nützliche Tätigkeit beim Abbau organischer Substanzen in Mist, Dung, faulendem Pflanzenmaterial und in Kadavern, was ihnen die Bezeichnung »Gesundheitspolizei« eingebracht hat.
Die schädlichen Insekten greifen v. a. im land- und forstwirtschaftlichen Bereich ein. Nahezu jede Kulturpflanze hat ihren spezifischen Schädling; manche Insekten sind allerdings nicht wählerisch und dadurch besonders gefährlich.
Als Vorrats- und Materialschädlinge verfolgen uns Insekten bis in die Wohnbereiche, indem sie eingelagerte Lebensmittel befallen, Polster, Textilien und Mobiliar beschädigen. Leider kommen in diesem Fall immer noch allzu häufig chemische Insektenvernichtungsmittel zum Einsatz. Zunehmend erkennt man heute jedoch, daß diese Insektizide immer wieder in irgendeiner Form auf den Menschen zurückkommen. Einer biologischen Schädlingsbekämpfung kommt deshalb immer mehr Bedeutung zu.

Register

Die Fotografen:

Angermayer: 13/1, 3; 27/1; 31/3; 39/2; 41/1; 49/2; 51/1, 2; 57/1; 59/1; 71/2; 85/2; 97/1; 109/2; 114/4; 115/2; 127/2; 129/3; 133/2; 143/3; 147/3; 149/2. Bellmann; 19/1, 3; 20/3; 29/1; 31/2; 39/1; 43/2, 3; 47/1; 59/3; 84/3; 89/1; 95/2; 109/1; 111/1; 113/3; 119/2; 120/3; 121/1; 123/1, 2, 3; 125/2, 129/1, 2; 135/1; U4 (1). Essler: 23/3; 29/3; U1 (3); Fünfstück: 127/1. Hinz: 145/2. Juniors; 107/3 (Klapp); 145/1 (Rieck). Kirmann: 25/2; 131/2; 147/2. Layer: 2/3; 6/4; 7/2; 27/2. Müller: U2 (14); U1 (1); 7/1, 3; 9/2; 10/3; 11/1; 13/2; 15/2; 16/3; 17/1, 2; 19/2; 21/1, 2; 32/3; 33/1, 2; 35/1, 2; 37/2; 43/1; 45/2; 47/3; 49/1; 55/1, 2; 57/2; 61/2; 63/1, 2, 3; 65/1, 2; 67/1, 2, 3; 69/1, 2, 3; 71/1; 73/1, 2; 74/3; 75/1, 2; 77/1, 2; 79/1, 3; 81/1, 2, 3; 83/1, 2, 3; 87/3; 89/2; 90/3; 91/1; 93/1, 2, 3; 95/1; 96/4; 97/2; 99/1, 2; 101/1, 2; 102/4; 103/1, 3; 105/2, 3; 107/1, 2; 111/2; 116/3; 117/2; 119/1; 121/2; 131/1; 135/2; 139/2; 140/3; 151/1, 2. Okapia: 117/1 (Sauer). Pforr; 9/1; 11/2; 15/1; 23/1, 2; 31/1; 35/3; 41/2, 3; 47/2; 49/3; 59/2; 73/3; 79/2; 85/1; 89/3; 91/2; 103/2; 111/3; 125/1; 143/1; 145/3. Photopress: 139/3 (Krahmer). Save-Bildagentur: U1 (1) (Meul); 87/1 (Meul); 137/1, 2 (Bahr). Silvestris: 24/3 (Lenz); 44/3 (Partsch); 45/1 (Bruckner); 53/2 (Hecker); 87/2 (Pforr); 105/1 (Lane); 106/4 (Rohdich); 115/3 (Martinez); 124/3 (Prato); 127/3 (Naroska); 132/3 (Cramm); 133/1 (Jagusch); 135/3 (Bruckner); 136/4 (Martinez); 139/1 (Willner); 141/2 (Gross); 149/1 (Brockhaus); U4 (Bühler) (2); (Lenz) (1). Wagner: 37/1; Wothe; 25/1; 53/1; 61/1, 3; 97/3; 101/3; 137/3; 141/1; 143/2. Zepf: 29/2; 113/2; 147/1; U4 (1). Zunke: 113/1; 115/1.

Redaktion und Herstellung: Verlagsbüro Kopp
Layout und Umschlaggestaltung: Christine Mills
Zeichnungen: Christine Mills
Produktion: Helmut Giersberg
Reproduktion: Penta-Repro
Satz: Filmsatz Schröter
Druck und Bindung: Printer, Trento
ISBN 3-7742-3038-2
Auflage 4. 3. 2. 1.
Jahr: 99 98 97 96

Insekten unter die Lupe genommen

Maikäferfühler

Schwingkölbchen Haarmücke

Dolchwespenkopf

Grabbein Maulwurfsgrille

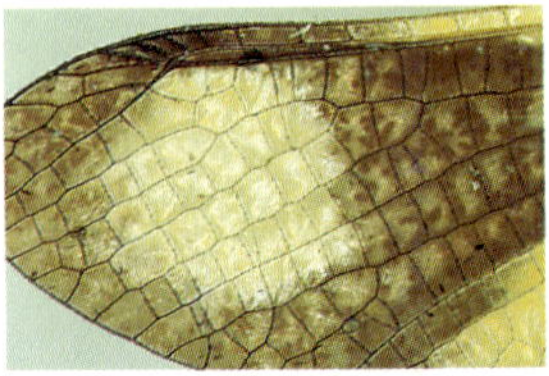

Flügel Schmetterlingshaft

Vorderkörper Laufkäfer

Heuschreckenkopf